国家自然科学基金项目（51809009；41890822；52000161）
长江水利委员会长江科学院 2021 年基本科研业务费项目（CKSF2021294/SZ）
长江水利委员会长江科学院院级创新团队项目(CKSF2017061/SZ)
国家重点研发计划水资源高效利用专项（2017YFC0405304）

变化环境下鄱阳湖
非一致性生态水位研究

许斌 著

中国水利水电出版社
www.waterpub.com.cn
·北京·

内 容 提 要

本书针对变化环境下的湖泊生态水位计算问题，以鄱阳湖为研究对象，系统地进行了介绍，全书由 7 章构成。第 1 章为绪论，介绍了研究背景、内容和特色等内容。第 2 章和第 3 章为理论方法，主要介绍了针对水文变异诊断系统、非一致性水文频率计算原理和基于逐步回归分析的非一致性水文频率计算原理及方法。第 4 章至第 7 章，主要阐述了鄱阳湖水位及其影响因素的变异分析、鄱阳湖水位变异的主因分析、基于逐步回归分析非一致性水文频率计算方法得出的鄱阳湖生态水位、结合湖区其他需求推荐的鄱阳湖生态水位以及对策分析、研究存在的问题和展望等。

本书可供水文水资源、地理科学、环境科学的科研人员、大学教师和相关专业的高年级本科生和研究生，以及从事水利工程、生态环境工程等技术人员参考。

图书在版编目（CIP）数据

变化环境下鄱阳湖非一致性生态水位研究 / 许斌著
. -- 北京 ： 中国水利水电出版社，2021.9
ISBN 978-7-5170-9999-4

Ⅰ．①变… Ⅱ．①许… Ⅲ．①鄱阳湖－水位变化－研究 Ⅳ．①P942

中国版本图书馆CIP数据核字(2021)第202675号

书　　名	变化环境下鄱阳湖非一致性生态水位研究 BIANHUA HUANJING XIA POYANG HU FEIYIZHIXING SHENGTAI SHUIWEI YANJIU
作　　者	许 斌 著
出版发行	中国水利水电出版社 （北京市海淀区玉渊潭南路 1 号 D 座　100038） 网址：www.waterpub.com.cn E-mail：sales@waterpub.com.cn 电话：(010) 68367658（营销中心）
经　　售	北京科水图书销售中心（零售） 电话：(010) 88383994、63202643、68545874 全国各地新华书店和相关出版物销售网点
排　　版	中国水利水电出版社微机排版中心
印　　刷	天津嘉恒印务有限公司
规　　格	184mm×260mm　16 开本　9 印张　186 千字
版　　次	2021 年 9 月第 1 版　2021 年 9 月第 1 次印刷
印　　数	0001—1000 册
定　　价	**56.00 元**

Foreword
前言

　　由于频繁的人类活动和自然生态系统自身的演变，导致地球万物赖以生存的环境变化程度越来越剧烈。在变化环境的大背景下，鄱阳湖湖区水位出现了变异问题，即水文序列的统计规律在整个序列时间范围内发生了显著变化，用于生态水位计算的水位序列失去了一致性。水资源作为基础性的自然资源和战略性的经济资源，是支撑经济社会可持续发展、维系生态平衡和维护环境良好的重要基础。失去一致性的水位序列，给湖区抗旱应急、水资源配置、生态水位计算等工作带来了新的挑战。

　　随着生态需水概念的提出和推广，支持人类社会可持续发展且保证生态系统不发生严重退化的用水能力，以及维持生态系统健康所需的水量，得到了越来越多学者的关注，生态需水的概念也逐步扩展到河流、沼泽、湖泊等生态系统中。鄱阳湖作为我国第一大淡水湖，近年来，由于气候变化和人类活动的影响，导致水位异常偏低、洲滩湿地生态退化、蓄水量大幅减少等一系列水文变异问题日益增多。枯水持续时间显著增加、极端枯水位频繁出现，加剧了湖区的湿地萎缩，降低了鄱阳湖的水生态功能，对鄱阳湖生态环境保护影响较大。加之《鄱阳湖生态经济区规划》已由国务院正式批复，湖口建闸已经列入该规划之中，建闸后的鄱阳湖水位如何管理，都是迫切需要解决的问题。如何确定变化环境下鄱阳湖的生态水位，确保发挥鄱阳湖湿地生态系统的正常功能，成为维持鄱阳湖生态系统健康和永续利用的基本保证。

　　针对变化环境下鄱阳湖生态水位的计算问题，本研究首先确定影响鄱阳湖水位的各项因素，并收集整理相关时间序列资料；再利用水文变异诊断系统，对鄱阳湖水位及其各影响因素的时间序列进行变异分析；并利用变化环境下非一致性水文频率计算原理，提出适用于多种影响因素回归分析的水文频率计算方法，即基于逐步回归分析的鄱阳湖水位非一致性频率分析方法；然后参考水文变化指标法，利用非一致性频率计算确定鄱阳湖生态水位区间；最后结合湖区其他生产、生活需求，对确定的生态水位区间进行修订，即得到变化环境下鄱阳湖的生态水位区间范围。此外，本研究还提出了维持鄱阳湖生态水位的措施，以及需要重点关注的时段。

本研究的主要特色包括：提出了鄱阳湖湖口水位变异的时空尺度水文变异主因分析方法，以揭示湖口水位变异与其影响因素之间的关联程度；提出了基于逐步回归分析的鄱阳湖水位非一致性频率分析方法，该方法既考虑时间序列在时间尺度上统计规律的变化，又结合了物理成因的因素，是介于统计方法和水文模型之间的一种方法，具有资料收集便捷、能够反映物理成因变化的特色；在利用逐步回归分析的鄱阳湖水位非一致性频率分析方法计算鄱阳湖生态水位的基础上，进一步结合湖区供水、灌溉、防洪、航运等对水位的需求，提出鄱阳湖生态水位的推荐范围，并提出了降低水位变异对生态环境、水资源利用带来风险的应对措施，为今后相关成果的应用打下了坚实的基础。

本书的研究工作除了作者本人外，还有谢平教授、陈广才博士、袁喆博士、吴子怡博士、李析男博士、许颖博士、孙可可、刘宇等学者给予了大力支持，并得到了国家自然科学基金青年基金项目（No.51809009、No.52000161）、国家自然科学基金重大项目（No.41890822）、长江水利委员会长江科学院 2021 年基本科研业务费项目（CKSF2021294/SZ）、长江水利委员会长江科学院院级创新团队项目（CKSF2017061/SZ）、国家重点研发计划水资源高效利用专项（2017YFC0405304）的资助，特向支持和关心作者研究工作的单位和个人表示衷心的感谢。书中有部分内容参考了有关单位或个人的研究成果，均已在参考文献中列出，在此一并致谢。

由于变化环境下的鄱阳湖生态水位分析涉及气候学、水文学、地理学等多个学科知识，研究难度颇大，再加上时间仓促，特别是作者水平及资料所限，书中难免有错误和不足之处，恳请读者提出宝贵的意见和建议。

作者

2021 年 7 月

Contents

目录

第 1 章

绪　　论

1.1　研究背景和意义

地球万物赖以生存的环境无时无刻不在发生着变化，但是由于频繁的人类活动和自然生态系统自身的演变，导致环境变化程度越来越剧烈。水是生物圈的血液，是地球万物生命之源，是维持人类和生态系统的基础。在变化环境的大背景下，鄱阳湖湖区水位出现了变异问题，这些问题给湖区抗旱应急、水资源配置等工作带来了新的挑战；如何妥善地解决这些问题，探索变化环境下的生态水位演变规律，是本研究的主要内容。

1.1.1　研究背景

20 世纪 90 年代，Gleick 提出了可持续用水和生态需水的概念，即支持人类社会可持续发展且保证生态系统不发生严重退化的用水能力，以及维持生态系统健康所需的一定水量。随着国际水文计划项目（IHP）等一批具有国际影响力的项目实施，以及社会对水生态系统的持续关注，生态需水的概念也逐步扩展到河流、沼泽、湖泊等生态系统中。鉴于湖泊生态需水与湖泊的生态水位具有良好的直接对应关系，在描述湖泊生态需水时，多采用湖泊生态水位对湖泊生态需水进行分析。湖泊生态水位的内涵目前并没有较为统一的定义，概念仍比较多元化，但其研究内容和研究目标却是基本相同的，均是为了满足湖泊生态系统和环境需求的水位和水量要求。

鄱阳湖位于长江中下游地区，至今仍保持着与长江的自然连通状态，并与长江相互作用、相互制约。鄱阳湖与长江的水资源关系，影响着鄱阳湖区干旱风险管理、洪水灾害防治、水生态环境保护、水资源利用等诸多方面。近年来，由于气候变化和人类活动的影响，鄱阳湖的水资源时空分布规律发生了变化，导致水位异常偏低、洲滩湿地生态退化、蓄水量大幅减少等一系列水文变异问题日益增多：鄱阳湖都昌水文站 2012 年 1 月观测到的鄱阳湖最低水位仅有 7.95m，创 1952 年该站有实测水文资料以来的历史最低水位；2016 年 9 月 19 日，鄱阳湖星子站水位跌破 12m，较历史同期提前 54 天进入低水位后并持续走低，11 月 3 日星子站水位跌至 10.6m，通江水体面积不及丰水期的八分之一。鄱阳湖枯水期出现的时间大幅提前、枯水持续时间显著增加、极端枯水位频繁出现，加剧了湖区的湿地萎缩，降低了鄱阳湖的水生态功能，对鄱阳湖生态环境保护影响较大；加之《鄱阳湖生态经济区规划》已由国务院正式批复，湖口建闸已经列入该规划之中，建闸后的鄱阳湖水位如何管理，是迫切需要解决的问题。因此，如何确定变化环境下鄱阳湖的生态水位，确保发挥鄱阳湖湿地生态系统的正常功能，成为维持鄱阳湖生态系统健康和永续利用的基本保证。

考虑鄱阳湖水位动态特性，采用基于水位统计资料的生态水文法计算鄱阳湖生态水位时，其核心内容主要是水位序列的频率计算。根据水文序列频率计算的基本假定，实测水文序列应满足独立同分布，即一致性的要求。从近年来鄱阳湖极端枯水位频繁出现的实际情况分析，受气候变化和人类活动的影响，鄱阳湖水位序列已经难以满足一致性要求。

Milly 等在 *Science* 上指出，受环境变化的影响，基于一致性假设的水文频率计算理论和方法已经无法帮助人们正确揭示变化环境下水资源演变的长期规律。基于一致性水文频率计算方法设计的防洪、发电和抗旱工程，将面临由变化环境带来的风险。考虑水文变异的影响，并发展适应环境变化的鄱阳湖生态水位计算方法已成为广泛共识。

在水文变异诊断的基础上，拟将非一致性水文频率计算原理与生态水文法相结合，提出适应变化环境下的鄱阳湖生态水位计算方法，进而确定鄱阳湖生态水位区间，并分析过去和现状条件下鄱阳湖生态水位的演变规律，是变化环境下鄱阳湖生态水位分析的一种新思路。同时，针对出现变异的水位序列，以水量及变异点为基础，通过分析鄱阳湖入湖径流、出湖水量、流域降水、蒸发量、取用水量、江水倒灌水量等鄱阳湖水位影响因素的水文变异特性，对引起水位变异的主因进行分析，识别鄱阳湖流域水资源变异特征，将有助于应对气候变化和人类活动对鄱阳湖生态水位计算带来的挑战，为准确把握变化环境下鄱阳湖生态水位的演变规律，合理制定鄱阳湖流域水资源开发利用、水资源管理和保护规划以及对策性措施等提供技术支撑。

1.1.2 国内外研究现状及存在问题

1. 水文变异特征识别

从统计学的角度，水文变异主要是指水文序列的分布形式或（和）分布参数在整个时间序列范围内发生了显著变化。统计检验法常被用来识别非一致性水文序列的分布形式、均值、方差、自相关系数等特征值，从而对水文序列是否发生变异进行判别。用来识别水文序列中跳跃成分的秩和检验法、有序聚类法、滑动 F 检验法、游程检验法、最优信息二分割法、Mann – Kendall 检验法、Brown – Forsythe 检验法、贝叶斯统计推断法类；用来识别趋势成分的 Spearman 秩次相关检验法、相关系数法；用来识别周期成分的功率谱法、最大熵谱分析法、谐波分析法等；用来识别相依成分的方差谱密度法等。此外，小波分析方法、遗传算法、神经网络法等新技术也被用于水文变异识别领域。针对同一变异成分，不同检验方法的检验结果经常出现不一致的情况，谢平提出了由多种方法组成的水文变异综合诊断系统。目前，水文变异分析主要集中在降水、径流等水文要素方面，而对鄱阳湖水位变异特征分析的较少，且尚未见对影响鄱阳湖水位的入湖径流、出湖径流、降水、蒸发、江水倒灌等时间序列变异特征的系统性分析。

2. 变化环境下的湖泊生态水位

湖泊生态水位的研究主要集中在湖泊生态水位的内涵和计算方法上。

湖泊生态水位的内涵如何界定，目前仍没有较为统一的认识，徐志侠等将湖泊生态水位定义为维持湖泊生态系统不发生严重退化的最低水位；崔保山等将湖泊演化与生态水位相结合，认为湖泊在不同发展阶段维持自身生态系统结构和功能稳定所需最低水位；丁惠君等从水量平衡的角度，提出湖泊生态水量是维系湖泊生态环境系统基本功能的最小水量要求，由维持湖泊存在所需最小水量、湖泊消耗水量以及出湖生态需水量组成，其对应最低水位即为湖泊生态水位；淦峰等指出湖泊生态水位是维持湖泊生态系统结构、功能和过程完整性所需的水位情势，包括水位的变化范围和过程。虽然生态水位的内涵仍没有广泛的共识，但其研究内容和研究目标却是基本相同的，均是为了满足湖泊生态系统和环境需求水位和水量的最低要求或者区间要求。

当前对湖泊生态水位的计算主要是着眼于湖泊生态系统中某种生物、生态景观或者水质水环境所需求的最低水位以及水量的年内分配上；除最低水位外，也有学者指出，湖泊生态环境同时还受最高水位以及持续时间的影响，淦峰基于水文变化指标法，提出并构建了包括高低水位发生时间、持续时间和水位变化率等在内的湖泊生态水位指标体系，并基于鄱阳湖天然水位变化特征给出了生态水位目标值范围，更能适应湖泊水位的动态特性。

人类活动，尤其是三峡工程的建成投产对鄱阳湖水位的影响，也是很多学者关注的焦点。众多研究成果均指出，三峡工程的投运，可能会导致下游鄱阳湖枯水期提前、水位降低，对湖泊生态系统造成一定影响。也有学者在湖泊生态水位的研究中考虑了水文变异的情况，刘剑宇通过多种方法对鄱阳湖水位序列进行了变异分析，并使用变带宽核密度估计分析了湖泊生态水位。

总之，针对不同时间尺度鄱阳湖生态水位受水文变异影响而出现的非一致性研究较少，需要进一步开展深入研究；同时，当水位序列出现变异后，过去和现状条件下生态水位的演变规律及适应性对策研究仍相对不足，亟待开展相关研究。

3. 水文变异主因分析

主因分析是在归因分析的基础上，对归因分析中起最大影响作用的因素进行识别，从而为突出重点、进一步开展有针对性的措施提供依据。主因分析和归因分析具有相似性，常被用于径流序列影响因素的分析中。刘春蓁利用水量平衡模型的分析方法，对海河流域径流的变化趋势及影响因素进行研究；Martin 采用信号噪音比值，评价人为因素和自然因素对径流变化的贡献；张淑兰利用降雨-径流双累积曲线，定量区分人类活动和降水量变化对泾河上游径流变化的影响；Jiong 采用分时段统计，分析了气候变化和人类活动对黄河入海径流的影响程度；刘燕利用特征值比对法，从降雨径流变化特征入手，对渭河流域的径流变化原因进行了分析；李雯利用多元线性回归模型，分析了气温、降水和蒸发的关系，并得到了年径流与降水量关联度最大；谢平在降雨径流关系方法的基础上，进一步考虑了径流变异的影响，定量区分了人类活动和气候变化对径流变异的影响程度。为了能够更好地从物理意义上阐述径流变异的原因，也有学者从水文模型的角度进行了探索。邱国玉利用 SWAT 流域水文模型，对不同模拟情景下，气候变化和土地利用/覆被变化对流域径流的影响方式和程度，进行了定量分析；谢平利用 WHMLUCC 模型，分析了环境变化对无定河流域产生的水文水资源效应，并对引起这种变化的影响因素作了定量分析。综上可以看出，归因分析的方法虽然很多，但考虑了水文变异影响的方法则相对较少，且多用于径流变化的影响因素分析中，对鄱阳湖水位变异的归因分析研究不足；同时，鄱阳湖水位受入湖径流、降水、蒸发、长江干流径流等因素的共同影响，而多因素影响下水位变异的主因分析方法研究较为欠缺。

综上可以看出，鄱阳湖生态水位内涵和计算方法研究发展较快，但仍然存在着一些问题：在水文特征识别方面，针对鄱阳湖水位变异特征的分析较少，且尚未见对影响鄱阳湖水位的入湖径流、出湖径流、降水、蒸发等时间序列变异特征的系统性分析；在鄱阳湖生态水位计算方法方面，针对水位变异引起的水位序列非一致性频率计算方法研究较少；水位变异后，过去、现状条件下非一致性水位频率的演变规律及对策性研究较少；在变异主因分析方面，考虑了水文变异影响且针对鄱阳湖水位变异所特有的、多因素影响下的水文变异主因分析方法研究较为欠缺，需要深入开展研究。

1.1.3　研究意义

受水文变异的影响，近年来鄱阳湖水位出现了较为明显的非一致性特征，主要表现在极端枯水位频繁出现、枯水期持续时间显著增加等。鄱阳湖水位的非一致性演变，导致蓄水量大幅减少、洲滩湿地生态退化，加剧湖区湿地萎缩的同时，降低了鄱阳湖的生态功能。鄱阳湖生态水位已有的研究成果中，对于水位序列非一致性的考虑仍较为欠缺，相关的研究成果较少。考虑水文变异导致的鄱阳湖水位变异，并发展适应鄱阳湖水位非一致性的鄱阳湖生态水位频率计算方法和多因素主因分析方法，是当前鄱阳湖水资源安全评价和灾害风险管理研究的发展方向；同时，准确把握鄱阳湖在变化环境下的水文变异特征、非一致性鄱阳湖生态水位演变规律，也是提高鄱阳湖流域防御灾害能力的现实需要。因此，如何确定变化环境下鄱阳湖的生态水位，确保发挥鄱阳湖湿地生态系统的正常功能，成为维持鄱阳湖生态系统健康和永续利用的基本保证。

鉴于此，本研究将采用水文变异诊断系统，全面系统地针对鄱阳湖水位及其影响因素开展变异特征识别；提出鄱阳湖水位变异的主因分析方法，对引起水位变异的主要原因进行识别；根据非一致性水文频率计算原理，提出基于逐步回归分析的非一致性水文频率计算方法，计算变化环境下鄱阳湖的生态水位区间，并分析其过去、现状条件下的频率演变规律和对策措施。其研究成果不仅对变化环境下的工程水文分析与计算方法研究具有积极的意义，而且对于鄱阳湖生态环境保护、灾害风险评估，以及湖口建闸后鄱阳湖的生态水位管理等具有重要的实际应用价值。

1.2 研究目标和内容

1.2.1 研究目标

在明确鄱阳湖生态水位内涵的基础上，基于非一致性水文频率计算原理，针对气候变化和剧烈人类活动导致的变化环境下鄱阳湖非一致性生态水位分析问题，提出鄱阳湖非一致性生态水位计算方法并总结生态水位演变规律；针对存在变异的水位序列，对其影响因素的影响程度进行分析，找出引起水位变异的主要原因，为变化环境下鄱阳湖的水位管理、水资源利用规划、对策性研究和保护措施的实施提供依据。

1.2.2 研究内容

结合研究目标，研究内容主要如下：

（1）鄱阳湖水位及其影响因素的变异特征识别和主因分析。对影响鄱阳湖水位变化的因素进行分析及资料收集，包括入湖径流、出湖径流、降水、蒸发、长江干流径流等；采用水文变异诊断系统，对鄱阳湖水位及其影响因素的不同时间尺度（年、月）序列进行变异诊断，依据变异形式（跳跃、趋势）及变异程度（无变异、弱变异、中变异、强变异、巨变异），对其变异特征进行系统性识别。基于变异特征提出适用于鄱阳湖水位变异的多因素主因分析方法，对引起鄱阳湖水位变异的影响因素在时间尺度（年、月）上的主要时段进行识别。

（2）基于逐步回归分析的非一致性鄱阳湖生态水位分析。根据非一致性水文频率计算原理，提出基于逐步回归分析的非一致性鄱阳湖生态水位计算方法。该方法采用逐步回归分析法拟合水位序列中的确定性成分，得到非一致性水位序列在时间域上的确定性规律；从非一致性水位序列中扣除确定性成分即可得到随机性成分，研究随机性成分拟合 P-Ⅲ型频率曲线的适应性，以得到非一致性水位序列在频率域上的随机性规律；根据非一致性水文频率计算的分解与合成原理，对时间域上的预测值和频率域上的设计值进行合成计算，再采用传统的一致性水文频率计算方法推求水位合成序列的频率分布，据此可以得到过去、现状条件下的水位频率计算结果。

（3）变化环境下非一致性鄱阳湖生态水位演变规律。明确鄱阳湖生态水位的内涵，并选取鄱阳湖生态水位上限和下限的阈值频率。采用基于逐步回归分析的非一致性水文频率计算方法，将发生变异的水位序列分解成随机性成分和确定性成分。随机性成分代表过去、受环境变化影响较小条件下，鄱阳湖水位的变化情况；对随机性成分进行频率计算，选取生态水位的上、下限，并结合不同站点水位换算关系、指示性动植物适应生长水位对其进行修正，将其作为鄱阳湖特定时间尺度和空间尺度生态水位的适宜区间。对分解出的确定性成分进行预测，并将其与随机性成分进行合成，对合成后的代表现状条件下的时间序列进行频率计算，选取相同频率的生态水位上、下限，将其与过去条件下的生态水位区间进行比较，即可得出变化环境下，鄱阳湖不同站点不同时间尺度生态水位的演变规律。

1.3 研究方法和可行性

1.3.1 研究方法

鄱阳湖流域位于长江中下游南岸，地理位置介于东经 113°35′～118°29′，北纬 24°29′～30°05′之间，流域面积 16.22 万 km²，占长江流域总面积的 8.97%；鄱阳湖 96.7% 的面积位于江西省境内，是我国最大的淡水湖泊，主要来水为赣江、抚河、信江、饶河及修水，并受长江干流倒灌影响，是一个天然的吞吐型湖泊。

针对环境变化影响下鄱阳湖生态水位计算问题，综合利用水文学及水资源、概率论及数理统计学、计算机科学等多种学科的知识和方法，开展变异规律分析及主因识别、基于逐步回归分析的非一致性生态水位计算方法及其演变规律研究，为变化环境下鄱阳湖流域的水循环与水安全、生态环境保护、灾害风险评估等提供依据。

1.3.2 技术路线

基于上述方法的技术路线如图 1-1 所示，研究步骤分述如下：

（1）通过对鄱阳湖流域进行实地考察、对鄱阳湖主管部门进行实地调研等手段，收集鄱阳湖流域气候概况、土地利用状况、流域内主要水利工程资料，收集流域内及长江干流主要水文站网分布及径流、水位等实测资料，河道内地形及主要断面资料，水资源利用规划、社会经济发展等资料。对收集到的资料进行缺测检查及汇编整理。通过走访湖区群众，对不同时期鄱阳湖水位的变化及其带来的影响进行调查。

考虑到鄱阳湖区不同水位站的水位序列之间具有良好的换算关系，选取湖口站为研究对象，其他站点可以通过水位换算分析生态水位的变化情况。将湖口站的水位序列按照年、逐月等时间尺度进行整理和划分，为鄱阳湖不同时间尺度的生态水位分析做好基础准备。

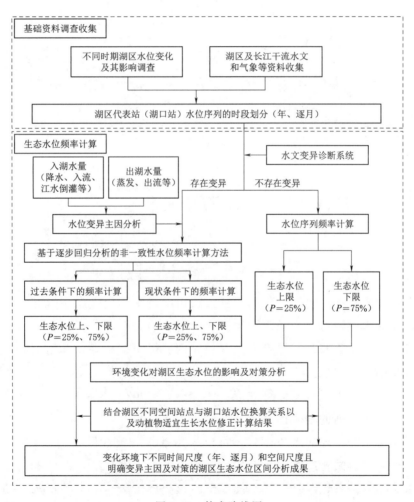

图 1-1　技术路线图

（2）采用水文变异诊断系统对湖口站不同时间尺度的水位序列，以及湖区降水、蒸发、入流、出流、取用水等鄱阳湖水位影响因素不同时间尺度序列进行变异诊断。水文变异诊断系统由初步诊断、详细诊断和综合诊断三个部分组成，可以对跳跃和趋势两种水文变异进行诊断，如图 1-2 所示。首先采用 Hurst 系数法等对鄱阳湖流域内和长江干流主要水文站的逐月、汛期、非汛期和年尺度的水位、径流、降水等资料序列进行初步检验，判断其是否存在变异，如果不存在，说明其仍然满足一致性要求；若存在变异，再利用 11 种跳跃检验方法和 3 种趋势检验方法对资料序列进行详细诊断，然后根据不同方法的效率系数，对每种诊断方法进行加权，分别对趋势和跳跃诊断结论进行综合，最后输出变异形式（跳跃、趋势）和变异程度（无变异、弱变异、中变异、强变异、巨变异）的诊断结果。综合归纳上述资料序列的变异诊断结果，揭示鄱阳湖水位、流量、蒸发、出流等时间尺度的变异特征及规律。

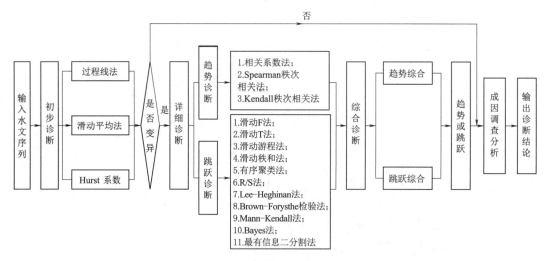

图 1-2　水文变异诊断系统流程图

（3）根据鄱阳湖水位动态变化的特征，选用维持鄱阳湖生态系统结构、功能和过程完整性所需的水位情势作为鄱阳湖生态水位的内涵。在计算方法上，参考水文变化指标法，基于湖口站不同时间尺度天然水位序列进行频率计算，选用 $P=25\%$ 作为鄱阳湖生态水位的上限，选用 $P=75\%$ 作为鄱阳湖生态水位的下限。频率曲线的选型方面，依据《水利水电工程水文计算规范》（SL 278—2002）的有关规定，选用 P-Ⅲ型频率曲线进行水文序列的频率计算。

（4）对于不存在变异的水位序列，可以采用基于一致性假定的 P-Ⅲ型频率曲线计算方法，得到湖口站相应时间尺度的生态水位上、下限。结合湖区不同站点与湖口站之间的水位换算关系，以及湖区不同范围内鱼类、候鸟、植被等指示性动植物适应生长水位的研究成果，对鄱阳湖不同时间、空间尺度上的生态水位上、下限计算结果进行修正。

（5）目前常用的非一致性水文频率计算方法，在线性和非线性确定性成分拟合函数形式和阶数选取方面仍存在有较大的主观性。逐步回归分析是多元回归分析中的一种常用方法，它的最大特点是能逐步选出对某一因变量有显著作用的自变量，并在较广泛的函数类中，自动选出一种较好的表达式建立相应的回归方程。

根据非一致性水文频率计算的分解与合成原理（图1-3），借助于逐步回归分析的思想，提出基于逐步回归分析的非一致性水文频率计算方法：采用逐步回归分析方法拟合水文序列中的确定性成分，以得到非一致性序列在时间域上的确定性规律；从非一致性水文序列中扣除确定性成分即可得到随机性成分，研究随机性成分拟合P-Ⅲ型频率曲线的适应性，以得到非一致性水文序列在频率域上的随机性规律；根据非一致性水文频率计算的分解与合成原理，对时间域上的预测值和频率域上的设计值进行合成计算，再采用传统的一致性水文频率计算方法推求合成序列的频率分布，据此可以得到过去、现状条件下的水文频率分布规律。

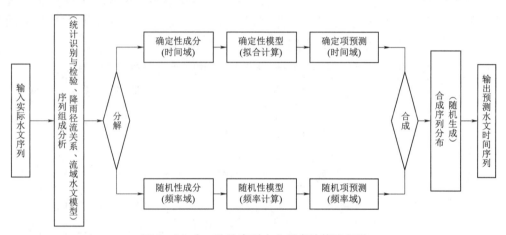

图1-3 非一致性序列水文频率计算流程图

（6）当某种时间尺度水位序列存在变异时，表明此时间尺度下的水位序列受水文变异的影响，已经不满足一致性的要求，可以采用基于逐步回归分析的非一致性水文频率计算方法进行频率分析。

对发生变异的水位序列，采用基于逐步回归分析的非一致性水文频率计算方法，将水位序列分解成随机性成分和确定性成分，计算公式为

$$X_t = T_t + S_t \tag{1-1}$$

式中　X_t——时间序列；

　　　T_t——确定性成分（包括趋势，跳跃等暂态成分以及近似周期成分等）；

　　　S_t——随机成分（包括平稳的或非平稳的随机成分）。

通过年值选样法基本可以排除周期性成分对时间序列的影响，本研究中采用的时间序列均为年值选样，因此，式（1-1）并没有考虑周期性成分。

基于逐步回归趋势分析的非一致性水文频率计算方法提取的确定性趋势成分可以采用式（1-2）进行描述，即

$$T_t = \sum a_i y_i + a_0 \qquad (1-2)$$

式中　y_i——确定性成分的影响因素。

采用逐步回归趋势分析方法计算回归系数 a_i 和常数 a_0，从而识别和提取确定性趋势成分 T_t，则随机性成分 $S_t = X_t - T_t$。

随机性成分 S_t 代表过去、受环境变化影响较小的条件下，鄱阳湖水位的变化情况，对随机性成分进行频率计算，选取 $P = 25\%$ 和 $P = 75\%$ 作为生态水位的上、下限，并结合不同站点水位换算关系、指示性动植物适应生长水位对其进行修正，并将其作为鄱阳湖特定时间尺度和空间尺度生态水位的适宜区间。对分解出的确定性成分 T_t 进行预测，并将其与随机性成分进行合成，对合成后的代表现状条件下的时间序列进行频率计算，同样选取 $P = 25\%$ 和 $P = 75\%$ 作为生态水位的上、下限，将其与过去条件下的生态水位区间进行比较，即可得出变化环境下，不同时间尺度和空间尺度、过去条件下和现状条件下鄱阳湖生态水位的演变规律。

（7）依据水量平衡原理，鄱阳湖水位和水量主要受入湖径流（赣江、抚河、信江、饶河、修水及其他鄱阳湖流域内河流来水）、出湖径流、降水、蒸发、江水倒灌、取用水等因素的共同影响（图1-4），即

$$WS = WI + P - EW - ET - F - WO \pm U \qquad (1-3)$$

式中　WS——鄱阳湖水量（或水位）；

　　　WI——入流量（径流补给、地下水补给或调水补给）；

　　　P——降水；

　　　EW——水面蒸发；

　　　ET——植物蒸腾；

　　　F——入渗（补给地下水）；

　　　WO——出流量；

　　　U——人工取用水量和回归水量、倒灌水量等。

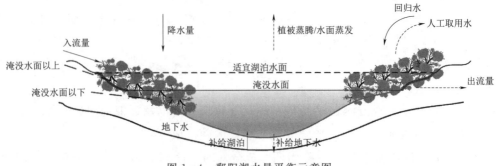

图 1-4　鄱阳湖水量平衡示意图

因此，鄱阳湖水位的变异主因分析，即从上述影响因素中，分析得出造成鄱阳湖水位变异的主要原因。

依据鄱阳湖流域内和长江干流主要水文站逐月和年尺度的入湖径流、出湖径流、降水、蒸发、江水倒灌、取用水等资料序列的变异形式和变异程度，并结合不同影响因素水量占鄱阳湖总水量的比例系数，分析鄱阳湖水位与其影响因素之间不同时间尺度（年际、年内）的变异关联程度，从而对时间尺度上造成水位变异的主因进行分析。

在进行主因分析时，水文序列的变异形式作为重要的变异特征，具有很直观的识别作用。当变异形式均为跳跃变异时，根据跳跃点的年份分析鄱阳湖水位与其影响因素之间的变异关联程度；当变异形式为趋势变异时，将其转换为多级跳跃变异的合成，即选出趋势变异中最显著的跳跃变异点，再对鄱阳湖水位与其影响因素之间的变异关联程度进行分析。

（8）综上所述，无变异的水位序列通过频率计算以及有变异序列通过基于逐步回归分析的非一致性水文频率计算得出的湖口站生态水位上、下限，结合鄱阳湖区内不同空间站点水位换算关系、指示性动植物适应生长水位对其进行修正后，可将其作为变化环境下不同时间尺度和空间尺度的生态水位区间。通过对比过去和现状条件下生态水位的上、下限，可以得出变化环境下鄱阳湖非一致性生态水位的演变规律。通过对入湖径流、出湖径流、降水、蒸发、江水倒灌、取用水等水位影响因素的分析，得出导致水位变异发生的主因，可以提出更有针对性的对策性建议。上述研究的开展，可以完成提出的研究目标，取得的研究成果可以为变化环境下鄱阳湖的水位管理、水资源利用和保护规划以及措施提供依据。

1.3.3　方法可行性

（1）水文变异诊断系统已经应用于水文、干旱、气象等多个领域，其检验指标比较全面、权重赋值较为客观、诊断结果可靠，已在多个流域的水文变异分析中得到了应用。拟采用水文变异诊断系统研究鄱阳湖水位、径流、降水、蒸发等时间序列的变异规律，在技术上是可行的。

（2）水文序列变异的时间尺度主因分析方法，是申请者提出并已成功应用于不同区域的变异主因分析中。在此基础上，进一步发展出多因素共同影响下的变异主因分析方法，在技术上是可以实现的。

（3）非一致性水文频率计算原理以及基于该原理发展出的各种非一致性水文频率计算方法，已经成功应用在多个不同气候背景的流域径流、洪水等非一致性时间序列的频率计算方面，所得出的频率计算结果也受到广泛认可。

（4）逐步回归分析方法在线性和非线性确定性成分拟合函数形式和阶数选取方面

客观性较强，且已成功在经济、气象、水文等领域得到了广泛的应用。结合非一致性水文频率计算原理而提出的基于逐步回归分析的非一致性水文频率计算方法，在分析非一致性鄱阳湖生态水位频率计算方面，技术上可行。

1.4 主要研究特色

变化环境下鄱阳湖非一致性生态水位演变规律研究，主要针对多因素影响下鄱阳湖水位变异机理问题、非一致性生态水位演变规律问题开展研究，在综合利用水文学、概率论及数理统计学、计算机科学等多种学科知识，充分研究和总结已有研究成果的基础上，主要研究特色包括：

（1）提出了适用于多因素影响下水位变异主因分析方法。采用水文变异诊断系统对水位序列及其影响因素的时间序列进行变异分析，在变异形式和变异程度诊断结果的基础上，提出适用于多因素共同影响下的水位变异主因分析方法。

（2）提出基于逐步回归分析的非一致性鄱阳湖生态水位计算方法。对发生变异的非一致性水位序列，在对其进行分解合成的基础上，提出适用于变化环境下的鄱阳湖生态水位计算方法，结合生态水位的阈值频率，对变化环境下非一致性生态水位的演变规律及对策性措施进行研究。

1.5 本章小结

本章主要介绍了变化环境下鄱阳湖非一致性生态水位研究的研究背景及研究意义，在对国内外研究进展进行综述的基础上，指出当前研究所存在的问题，确定本研究的目标和内容，以及研究思路，明确采用的研究方法和技术路线，分析研究方法和路径的科学性和可行性，提出预期的研究成果，凝练研究特色。

参考文献

［1］ Gleick P H，Loh P，Gomez S V，et al. California water 2020：a sustainable vision ［R］. California：Pacific Institute for Studies in Development，Environment，and Security，1995.

［2］ Gleiek P H. Water in crisis：Paths to sustainable water use ［J］. Ecological Applications，1998，8（3）：571－579.

［3］ 程俊翔，徐力刚，吴睿，等. 东洞庭湖最低生态水位研究 ［J］. 江西科学，2015，33（6）：932－937.

［4］ 万荣荣，杨桂山，王晓龙，等. 长江中游鄱阳湖江湖关系研究进展 ［J］. 湖泊科学，2014，26（1）：1－8.

［5］ 杨桂山. 长江水问题基本态势及其形成原因与防控策略 ［J］. 长江流域资源与环境，2012，21（7）：821－830.

［6］ 刘拓拓. 江西鄱阳湖提前 54 天进入低水位 ［EB/OL］.（2016－9－20）. http：//news. cnr. cn/

native/city/20160920/t20160920 _ 523148877. shtml.

［7］ 谢平，许斌，章树安，等. 变化环境下区域水资源变异问题研究 ［M］. 北京：科学出版社，2012.

［8］ Milly P C D，Betancourt J，Falkenmark M，Hirsch R M，Kundzewicz Z W，Lettenmaier D P，Stouffer R J. Stationarity is dead：Whither water management? ［J］. Science，2008（319）：573 – 574.

［9］ 张建云，王国庆. 气候变化对水文水资源影响研究 ［M］. 北京：科学技术版社，2007.

［10］ 谢平，陈广才，雷红富，等. 变化环境下地表水资源评价方法 ［M］. 北京：科学出版社，2009.

［11］ 陈广才，谢平. 水文变异的滑动 F 检验与识别方法 ［J］. 水文，2006，26（5）：57 – 60.

［12］ 周芬. Kendall 检验在水文序列趋势分析中的比较研究 ［J］. 人民珠江，2005（S1）：35 – 37.

［13］ Yue S，Wang C Y. The Mann – Kendall test modified by effective sample size to detect trend in serially correlated hydrological series ［J］. Water Resources Management，2004，18（3）：201 – 218.

［14］ 张一驰，周成虎，李宝林. 基于 Brown – Forsythe 检验的水文序列变异点识别 ［J］. 地理研究，2005（5）：741 – 748.

［15］ Perreault L，Bernier J，Bobee B，et al. Bayesian change – point analysis in hydrometeorological time series. Part 1. The normal model revisited ［J］. Journal of Hydrology，2000，235（3 – 4）：221 – 241.

［16］ Perreault L，Bernier J，Bobee B，et al. Bayesian change – point analysis in hydrometeorological time series. Part 2. Comparison of change – point models and forecasting ［J］. Journal of Hydrology，2000，235（3 – 4）：242 – 263.

［17］ 熊立华，周芬，肖义，等. 水文时间序列变点分析的贝叶斯方法 ［J］. 水电能源科学，2003（4）：39 – 41.

［18］ Li Mohammad – Djafari，F O. Bayesian approach to change points detection in time series ［J］. International Journal of Imaging Systems and Technology，2006，16（5）：215 – 221.

［19］ 赵利红. 水文时间序列周期分析方法的研究 ［D］. 南京：河海大学，2007.

［20］ 刘静君. 水文变异与非一致性测度研究 ［D］. 武汉：武汉大学，2012.

［21］ 许斌. 变化环境下区域水资源变异与评价方法不确定性 ［D］. 武汉：武汉大学，2013.

［22］ 李订芳，胡文超，章文. 基于小波包的时间序列变点探测算法 ［J］. 控制与决策，2005（5）：521 – 524.

［23］ 金菊良，魏一鸣，丁晶. 基于遗传算法的水文时间序列变点分析方法 ［J］. 地理科学，2005（6）：6720 – 6723.

［24］ Oh K J，Moon M S，Kim T Y. Variance change point detection via artificial neural networks for data separation ［J］. Neurocomputing，2005，68：239 – 250.

［25］ 谢平，陈广才，雷红富，等. 水文变异诊断系统 ［J］. 水力发电学报，2010（1）：85 – 91.

［26］ 徐志侠，陈敏建，董增川. 湖泊最低生态水位计算方法 ［J］. 生态学报，2004，24（10）：2324 – 2328.

［27］ 崔保山，赵翔，杨志峰. 基于生态水文学原理的湖泊最小生态需水量计算 ［J］. 生态学报，2005，25（7）：1788 – 1795.

［28］ 丁惠君，杨永生，游文荪. 鄱阳湖最小生态需水量研究 ［J］. 江西水利科技，2011，37（4）：232 – 238.

［29］ 淦峰，唐琳，郭怀成，等. 湖泊生态水位计算新方法与应用 ［J］. 湖泊科学，2015，27（5）：783 – 790.

［30］ Yang W，Yang Z F. Effects of long – term environmental flow releases on the restoration and preservation of Baiyangdian Lake，a regulated Chinese freshwater lake ［J］. Hydrobiologia，2014，730（1）：79 – 91.

［31］ Yin X A，Yang Z F. A method to assess the alteration of water – level – fluctuation patterns in lakes ［J］. Procedia Environmental Sciences，2012，13：2427 – 2436.

［32］ 徐志侠，王浩，董增川，等. 南四湖湖区最小生态需水研究 ［J］. 水利学报，2006，37（7）：784 – 788.

［33］ 刘惠英，王永文，关兴中. 鄱阳湖湿地适宜生态需水位研究——以星子站水位为例 ［J］. 南昌工程学院学报，2012，31（3）：46 – 50.

［34］ 巩琳琳，黄强，薛小杰，等. 基于生态保护目标的乌梁素海生态需水研究 ［J］. 水力发电学报，

2012，31（6）：83-88.

[35] 刘剑宇，张强，孙鹏，等. 鄱阳湖最小生态需水研究 [J]. 中山大学学报（自然科学版），2014，53（4）：149-153.

[36] Wantzen K M, Rothhaupt K O, Mortl M, et al. Ecological effects of water - level fluctuations in lakes：an urgent issue [J]. Hydrobiologia，2008，613：1-4.

[37] 陈冰，崔鹏，刘观华，等. 鄱阳湖国家级自然保护区食块茎鸟类种群数量与水位的关系 [J]. 湖泊科学，2014，26（2）：243-252.

[38] 方春明，曹文洪，毛继新，等. 鄱阳湖与长江关系及三峡蓄水的影响 [J]. 水利学报，2012，43（2）：175-181.

[39] 邹年华，罗优，刘同宦，等. 三峡工程运行对鄱阳湖水位影响试验 [J]. 湖泊科学，2014，26（4）：522-528.

[40] 胡春宏，王延贵. 三峡工程运行后泥沙问题与江湖关系变化 [J]. 长江科学院院报，2014，31（5）：107-116.

[41] 许继军，陈进. 三峡水库运行对鄱阳湖影响及对策研究 [J]. 水利学报，2013，44（7）：757-764.

[42] 刘剑宇，张强，顾西辉，等. 基于变带宽核密度估计的鄱阳湖生态水位研究 [J]. 中山大学学报（自然科学版），2015，54（3）：151-157.

[43] 刘春蓁，刘志雨，谢正辉. 近50年海河流域径流的变化趋势研究 [J]. 应用气象学报，2004（4）：385-393.

[44] Martin Parry, Osvaldo Canziani, Jean Palutikof, et al. Impacts, Adaptation, and Vulnerability. Contribution of Working Group II to Forth Assessment Report of the Intergovernmental Panel on Climate Change [M]. Cambridge, UK and New York, USA：Cambridge University Press，2007.

[45] 张淑兰，王彦辉，于澎涛，等. 定量区分人类活动和降水量变化对泾河上游径流变化的影响 [J]. 水土保持学报，2010，24（4）：53-58.

[46] Jiongxin X. The Water Fluxes of the Yellow River to the Sea in the Past 50 Years, in Response to Climate Change and Human Activities [J]. Environmental Management，2005，35（5）：620-631.

[47] 刘燕，李小龙，胡安焱. 河川径流对降水变化的响应研究——以渭河为例 [J]. 干旱区地理，2007，30（1）：53-58.

[48] 李雯. 泾河流域气候变化对径流量的影响研究 [D]. 西安：长安大学，2008.

[49] 谢平，刘媛，杨桂莲，等. 乌力吉木仁河三级区水资源变异及归因分析 [J]. 水文，2012，32（2）：40-43.

[50] 邱国玉，尹婧，熊育久，等. 北方干旱化和土地利用变化对泾河流域径流的影响 [J]. 自然资源学报，2008，23（2）：211-218.

[51] 谢平，窦明，朱勇，等. 流域水文模型——气候变化和土地利用/覆被变化的水文水资源效应 [M]. 北京：科学出版社，2010.

第 2 章

水 文 变 异 诊 断 系 统

　　长久以来，人们都是基于物理成因一致，且观测样本时间较长的序列来认识水文规律的。然而，由于全球气候变化对降水、径流和区域水循环系统的影响以及高强度人类活动和流域下垫面的变化，使得流域水文循环和水资源形成过程的物理成因发生了变化。对于物理成因发生变化的水文时间序列，其统计规律不再满足一致性的要求。为了识别这种非一致性水文序列，常对其进行趋势或跳跃的变异识别与检验。目前关于趋势和跳跃成分的变异识别与检验方法有多种，但这些方法往往在形式上偏重于趋势或跳跃，在性质上侧重于均值或方差等某个统计参数，且计算精度不一，检验结果并不一致；更重要的是缺乏系统性，不能从整体上判断序列究竟是趋势变异还是跳跃变异，即使判断是跳跃变异也不能给出唯一的跳跃点。为此，2009 年谢平等提出了水文变异诊断系统，以提高水文序列变异识别与检验的精度和可靠性，它是解决变化环境下区域水资源变异问题的主要工具之一。

2.1　水文变异的定义

　　水文序列是一定时期内气候条件、自然地理条件以及人类活动等综合作用的产物，资料本身就反映了这些因素对其影响的程度或造成资料发生变化的原因。水文现象的变化无论多么复杂，水文序列总可以分解成两种成分，即确定性成分和随机性成分。确定性成分具有一定的物理概念，包括周期、趋势和跳跃成分；随机性成分由不规则的振荡和随机因素造成，不能严格地从物理上阐明，只能用随机序列理论来研究。一般来说，水文序列的随机性成分主要受气候、地质等因素的影响，其变化规律需要一个漫长的地质年代才能改变，因此水文序列中随机性成分的统计规律是相对一致的；而水文序列的确定性成分主要受人类活动的影响，但并不排除气候因素（如气候转型期）和下垫面自然因素（如火山爆发、地震等）的影响，其变化规律可以在较短的工程年代里发生缓慢的渐变或剧烈的突变，因此水文序列中确定性成分的变化规律往往是非一致的。如果水文序列与周期、趋势和跳跃成分无关，则它是平稳的时间序列，表明整个水文序列具有相同的物理成因，其统计规律满足一致性的独立同分布要求，即分布形式（如 P-Ⅲ型）和分布参数（如均值、变差系数和偏态系数等）在整个时间尺度内均保持不变，这种情况下水文序列只在均值上下随机波动或变化，而无统计规律的差异；否则，水文序列就是非平稳的，表明影响水文序列的物理成因发生了变化，其统计规律是非一致的，即分布形式或分布参数在整个时间尺度内有显著的差异。基于上述分析，本研究给出水文变异的统计学定义：如果水文序列的分布形式或（和）分布参数在整个时间尺度内发生了显著变化，则称水文序列发生了变异。发生变异的水文序列一定是非一致性序列，其含有随机性和确定性两种成分，水文变异诊断的目的就是要推断序列中存在的各种确定性成分，并从水文序列中分离出随机性成分，从而采用非一致性水文频率计算方法得到过去、现状和未来不同时期水文序列的频率分布，为水利工程规划、设计、施工、管理提供水文依据。

确定性周期成分在年内变化比较突出，而在年际间相对变化较小，一般采取年最大值选样法消除它们对整个水文序列的影响，因此水文变异诊断主要针对的是确定性趋势成分和跳跃成分。趋势是水文序列稳定而规则的运动，是水文序列缓慢渐变的一种形式，当趋势出现在序列的全过程叫整体趋势，只出现在序列中的一段时期叫局部趋势；跳跃是水文序列急剧变化的一种形式，当水文序列从一种状态过渡到另一种状态时表现出来。水文序列是否存在趋势或跳跃成分，可以采用假设检验进行统计推断。趋势推断一般较为简单，结论也比较一致；而跳跃推断较为复杂，跳跃发生的时间以及跳跃的幅度可能由于检验方法的不同而得出不同的结论。给定一个时间序列 $\{x_1, x_2, x_3, \cdots, x_n\}$，任意假设变异发生的可能位置为 $k(1<k<n)$。变异点将整个时间序列分割为两段，这两段的某些统计特征，例如均值，会有明显的不同。在变异点之前（包括变异点）的时间序列称为前段，而变异点之后（不包括变异点）的时间序列称为后段。采用如下符号表示整个时间序列和前、后两段

$$\begin{cases} X = \{x_1, x_2, x_3, \cdots, x_n\} \\ X_k = \{x_1, x_2, x_3, \cdots, x_k\} \\ X_{k+1} = \{x_{k+1}, x_{k+2}, \cdots, x_n\} \end{cases} \tag{2-1}$$

对时间序列变异的分析常称为变异检验或变异诊断，水文时间序列变异分析是水文统计分析中的一项重要内容，其任务就是要检验变异最有可能发生的时间位置、整体或局部趋势。

2.2　水文变异诊断系统

水文变异诊断系统由初步诊断、详细诊断和综合诊断三个部分组成。

初步诊断部分采用过程线法、滑动平均法、Hurst 系数法对序列变异进行检验，

以判断序列是否存在变异，如果判断结果为不存在变异，则转入成因调查分析，对结果进行确认；如存在变异，则转入详细诊断部分。

　　详细诊断部分采用多种变异检验方法对序列进行变异判断，分别对序列的趋势变异、跳跃变异情况进行判断分析。对于趋势变异，采用线性趋势相关系数检验法、斯波曼（Spearman）秩次相关检验法和坎德尔（Kendall）秩次相关检验法对其进行判断；对于跳跃变异，采用有序聚类法、Lee - Heghinan 法、秩和检验法、滑动 F 检验法、滑动 T 检验法、游程检验法、最优信息二分割模型、R/S 法、Brown - Forsythe、Mann - Kendall、Bayesian（贝叶斯）方法进行判断，然后进入综合诊断部分。

　　综合诊断部分根据详细诊断结果，对趋势诊断结论进行趋势综合，对跳跃诊断结论进行跳跃综合。根据效率系数评价水文序列与趋势成分或跳跃成分的拟合程度，以效率系数较大者作为变异形式判断的依据；最后结合实际水文调查分析，对变异形式和结论进行确认，从而得到最可能的变异诊断结果。其诊断流程如图 1 - 2 所示。

　　下面将详细介绍变异诊断系统的初步诊断、详细诊断、综合诊断的基本原理。

2.3　初步诊断

　　初步诊断是对水文序列的纯随机性进行检验，以判断水文序列中是否存在确定性成分。本系统采用过程线法、滑动平均法、Hurst 系数法对水文序列进行随机性检验，从定性和定量角度判断序列是否变异。

2.3.1　过程线法

　　将水文序列点绘在方格纸上，通过目估判断序列的趋势是否明显。该方法计算方便，判断直观，但它只能判别较为明显的趋势。

2.3.2　滑动平均法

　　由于水文序列的随机波动，直接从过程线中判断趋势往往比较困难。因此，可以对序列 $\{x_1, x_2, \cdots, x_n\}$ 的几个前期值和后期值取平均，消除波动影响，使原序列光滑化，然后从新序列 y_t 中通过目估判断序列是否有明显的趋势。

　　当振荡的平均周期 $m = 2k + 1$ 为奇数时，把 y_t 值放在计算段的中心，计算公式为

$$y_t = \frac{1}{2k+1}\sum_{i=-k}^{i=k} x_{t+i} \qquad (2-2)$$

　　当振荡的平均周期 $m = 2k$ 为偶数时，则滑动平均仍取 $2k + 1$ 项，但首尾项除外的其他各项取权重为 2，即

$$y_t = \frac{1}{4k}(x_{t-k} + 2x_{t-k+1} + \cdots + 2x_{t+k-1} + x_{t+k}) \qquad (2-3)$$

2.3.3 Hurst 系数法

Hurst 系数法通过计算水文序列的 Hurst 系数 H，来判断序列是否变异及其变异程度。Hurst 系数常用来定量表征序列的长期相关性：一般认为如果 $H=0.5$ 时，表明其过程是随机的、普通的布朗运动，零时刻过去增量与零时刻未来增量的相关函数值为 0；如果 $H > 0.5$，表明序列零时刻过去增量与零时刻未来增量的相关函数值大于 0，零时刻过去的变化趋势将对未来变化趋势产生同方向的影响（正持续效应）；如果 $H < 0.5$，表明序列零时刻过去增量与零时刻未来增量的相关函数值小于 0，零时刻过去的变化趋势将对未来变化趋势产生反方向的影响（反持续效应）。目前关于 Hurst 系数的研究主要集中于根据 Hurst 系数的大小判断水文序列是否为纯随机序列，以及对序列进行长期相关性分析方面，较少用于序列变异诊断研究，而且对于序列变异程度也缺乏定量的判别标准。由于持续效应的产生直接或间接导致了序列的统计特征值（均值、C_v、C_s）发生变化，从而可能导致水文序列变异，而 H 偏离 0.5 的程度越大，这种持续效应越明显，因而其变异程度也越大。由此可以根据 Hurst 系数的大小，判断序列是否变异，以及序列发生的变异程度。

Hurst 系数计算的常用方法为 R/S 分析方法，又称为重标极差分析，其原理如下：考虑一个时间序列 $\{X(t)\}$（$t=1, 2, \cdots$），对于任意正整数 $\tau \geqslant 1$，定义均值序列

$$\overline{X}_\tau = \frac{1}{\tau} \sum_{i=1}^{\tau} X(t) \quad (\tau = 1, 2, \cdots, n) \qquad (2-4)$$

用 $\zeta(t)$ 表示累积离差

$$\zeta(t, \tau) = \sum_{u=1}^{t} \left[X(u) - \overline{X}_\tau \right] \quad (1 \leqslant t \leqslant \tau) \qquad (2-5)$$

极差 R 定义为

$$R(\tau) = \max_{1 \leqslant t \leqslant \tau} \zeta(t, \tau) - \min_{1 \leqslant t \leqslant \tau} \zeta(t, \tau) \quad (\tau = 1, 2, \cdots, n) \qquad (2-6)$$

标准差 S 定义为

$$S(\tau) = \left[\frac{1}{\tau} \sum_{t=1}^{\tau} (X(t) - \overline{X}_\tau)^2 \right]^{\frac{1}{2}} \quad (\tau = 1, 2, \cdots, n) \qquad (2-7)$$

现在考虑比值 $R(\tau)/S(\tau) = R/S$，对于给定的序列，任何长度 τ 的 R/S 均可统计计算。Mandelbrot 等通过对尼罗河最低水位等自然事件的分析，证实了 Hurst 的研究，并得出了更为广泛的指数律，即

$$R/S = (c\tau)^H \qquad (2-8)$$

对式（2-8）取对数可得

$$\ln R(\tau)/S(\tau) = H(\ln c + \ln \tau) \tag{2-9}$$

根据实测资料，用最小二乘法可求得参数 c 和 Hurst 系数 H。

直接根据 Hurst 系数来判断序列的变异程度无法对其结果进行假设检验，考虑到分数布朗运动增量的相关函数与 Hurst 系数之间存在对应关系为

$$C(t) = -\frac{E[B_H(-t)B_H(t)]}{E[B_H(t)]^2} = 2^{2H-1} - 1 \tag{2-10}$$

因此，可以采用与统计学中相关系数检验类似的方法对分数布朗运动增量的相关函数进行检验，以此判断序列是否变异及其变异程度。根据 R/S 分析原理，计算序列的 Hurst 系数，进而计算序列的相关函数 $C(t)$ 值，在给定显著水平为 α 的条件下，对相关函数值 $C(t)$ 进行显著性检验，当 $C(t)$ 小于临界值 r_α（显著性水平为 α 时的相关函数最低值，如表 2-1 所示）时，认为序列的长期相关性不显著，即序列变异不显著；当 $C(t)$ 大于等于临界值 r_α 时，认为序列的长期相关性显著，即序列变异显著。

表 2-1　　　　　　　　　　不同显著水平 α 下相关系数最低值 r_α

$n-2$	α				$n-2$	α			
	0.1	0.05	0.02	0.01		0.1	0.05	0.02	0.01
	r_α					r_α			
8	0.5494	0.6319	0.7155	**0.7646**	20	0.3598	0.4227	0.4921	0.5368
9	0.5214	0.6921	0.6851	0.7348	25	0.3233	0.3809	0.4451	0.4869
10	0.4973	0.5760	0.6581	0.7079	30	0.2960	0.3494	0.4093	0.4487
11	0.4762	0.5529	0.6339	0.6835	35	0.2746	0.3246	0.3810	0.4182
12	0.4575	0.5324	0.6120	0.6614	40	0.2573	0.3044	0.3578	0.3932
13	0.4409	0.5139	0.5923	0.6411	45	0.2438	0.2875	0.3384	0.3721
14	0.4259	0.4973	0.5742	0.6226	50	0.2306	0.2732	0.3218	0.3541
15	0.4124	0.4821	0.5577	0.6055	60	0.2108	0.2500	0.2948	0.3248
16	0.4000	0.4683	0.5425	0.5897	70	0.1954	0.2319	0.2737	0.3017
17	0.3887	0.4555	0.5285	0.5751	80	0.1829	0.2172	0.2565	0.2830
18	0.3783	0.4438	0.5155	**0.5614**	90	0.1726	0.2050	0.2422	0.2673
19	0.3687	0.4329	0.5034	0.5437	100	0.1638	0.1946	0.2301	0.2540

显著性检验时选用的显著性水平，除常用的 $\alpha = 0.05$ 和 $\alpha = 0.01$ 外，也可选 $\alpha = 0.10$ 或 $\alpha = 0.02$ 等。事实上，显著性水平 α 对假设检验的结论是有直接影响的，到底选哪种显著性水平，目前学术界并无定论，一般而言显著性水平 α 的取值越小，其假设检验的显著性水平越高。实际应用中，可能会碰到这样一种情况：假设检验通过了显著性水平为 α 的检验，但不一定能通过显著性水平为 β（$\alpha > \beta$）的检验，即相关函数满足 $r_\alpha \leqslant C(t) < r_\beta$，说明在显著性水平 α 下，序列变异显著，而在显著性水平 β

下，序列变异不显著，鉴于此，本研究将其变异程度划分为弱变异；当 $C(t)<r_\alpha$ 时，本研究将其变异程度划分为无变异；当 $C(t)\geqslant r_\beta$ 时，序列变异显著，可以根据其相关程度进一步对变异程度进行分级。

在对水文序列进行相关分析时，通常要求相关系数 $|r|\geqslant 0.8$，因为此时相关系数可以通过常规显著性水平（如 0.1，0.05，0.02，0.01 等）的显著性检验（$|r_\beta|\geqslant 0.8$ >0.7646，如表 2-1 所示），说明两变量之间线性关系非常显著；同样，当序列的过去增量与未来增量的相关函数 $C(t)\geqslant 0.8$ 时，说明过去增量对未来增量影响非常显著，序列表现出非常强的持续性。因此，从变异的角度来看，$C(t)\geqslant 0.8$ 的序列变异非常显著，本研究将其变异程度划分为巨变异。

在水文计算中，对资料长度也有一定的要求，当资料长度较短时，其抽样误差较大，一般要求资料长度大于 20；同样，在计算序列的过去增量与未来增量的相关函数 $C(t)$ 值时，资料长度取最小值 20（自由度 $n-2=18$），在常规显著性水平下，$\max|r|_\alpha<0.6$（$r_{0.01,18}=0.5614$ 小于 0.6，见表 2-1）。因此，当相关函数 $C(t)$ 值大于 0.6，且序列长度大于最小值要求时，相关函数值全部能通过显著性检验，说明过去增量对未来增量影响显著。因此从变异的角度来看，$0.6\leqslant C(t)<0.8$ 的序列变异显著，本研究将其变异程度划分为强变异；至于 $r_\beta\leqslant C(t)<0.6$ 的序列，说明过去增量对未来增量有一定的影响，本研究将其变异程度划分为中变异。

虽然相关函数 $C(t)$ 概念明确，但实际应用中其计算不便，因此将相关函数描述的变异度进行分级，并根据式（2-10）转换为 Hurst 系数描述的变异度分级，见表 2-2。实际应用时，只需根据实测水文序列的 Hurst 系数值及其所属的变异等级区间，就可以判断序列的变异情况及变异程度。

表 2-2 变异程度分级表

相关函数 $C(t)$	Hurst 系数（H）	变异程度	相关函数 $C(t)$	Hurst 系数（H）	变异程度
$0\leqslant C(t)<r_\alpha$	$0.5\leqslant H<h_\alpha$	无变异	$0.6\leqslant C(t)<0.8$	$0.839\leqslant H<0.924$	强变异
$r_\alpha\leqslant C(t)<r_\beta$	$h_\alpha\leqslant H<h_\beta$	弱变异	$0.8\leqslant C(t)\leqslant 1.0$	$0.924\leqslant H\leqslant 1.0$	巨变异
$r_\beta\leqslant C(t)<0.6$	$h_\beta\leqslant H<0.839$	中变异			

注 α，β 为显著性水平，且 $\alpha>\beta$；r_α，r_β 为 α，β 下相关函数 $C(t)$ 的最低值；$H_\alpha=\frac{1}{2}[1+\ln(1+r_\alpha)/\ln 2]$。

在初步诊断序列可能存在变异的情况下，再结合多种检验方法对水文序列进行详细诊断。

2.4 详细诊断

详细诊断就是采用多种检验方法对水文序列进行变异诊断分析。本书采用 3 种方法进行趋势成分的详细诊断：相关系数检验法、斯波曼（Spearman）秩次相关检验法、坎德尔（Kendall）秩次相关检验法；采用 11 种方法进行跳跃成分的详细诊断：有序聚类法、Lee - Heghinan 法、秩和检验法、游程检验法、滑动 F 检验法、滑动 T 检验法、最优信息二分割模型、R/S 法、Brown - Forsythe、Mann - Kendall、Bayesain 法。

趋势分析是为了检验水文序列是否存在渐变的确定性规律，而跳跃分析则是检验水文序列是否存在突变的确定性规律。秩和检验法和游程检验法实质是构造统计检验量（秩和或游程），认为统计检验量在样本一定的情况下服从标准正态分布，并进行假设检验；滑动 F 检验实质上是两个分割样本均值未知的方差检验；有序聚类法的实质是求最优分割点，使同类之间的离差平方和最小；Lee - Heghinan 法实质是假定总体为正态分布，分割点先验分布为均匀分布情况下推求后验概率分布的方法；最优信息二分割模型是通过构造比较序列，计算差异信息的相对测度（或差异幅值），来检验序列的变异性；R/S 法通过计算重新标度的极差，结合一维布朗运动的规律来判断变异点；Brown - Forsythe 法是对方差分析的改进，是分析试验数据均值水平差异的一种方法；Mann - Kendall 是世界气象组织推荐的非参数检验方法，通过分析统计序列构成的曲线出现的交点来判断变异是否存在；Bayesian 法假设先验分布为均匀分布，然后通过对后验分布的推求来判断变异点。

这些方法可分为统计检验方法和一些新技术新理论在变异点检测中的应用，诊断变异时采用的指标各不相同，判断变异点的依据也各不相同，大致可分为 3 种：以某指标最大为判断标准；以是否通过显著性水平为判断标准；以是否超过某个构造的阈值来进行检验。可以看出，这些方法依据不同理论、不同指标、不同角度来检验变异点。因此，详细诊断实质上是从不同角度对趋势成分和跳跃成分进行诊断分析。

2.4.1 趋势详细诊断

2.4.1.1 相关系数检验法

如果序列中存在线性趋势，可采用线性相关方程进行描述，其数学模型为

$$X_t = a + bt + \eta_t \quad (t = 1, 2, \cdots, n) \tag{2-11}$$

由最小二乘法求出参数 a、b 的估计值分别为

$$\hat{b} = \frac{\sum_{t=1}^{n}(t - \bar{t})(x_t - \bar{x})}{\sum_{t=1}^{n}(t - \bar{t})^2} \tag{2-12}$$

$$\hat{a} = \bar{x} - \hat{b}\bar{t} \tag{2-13}$$

序列 x_t 与时序 t 的相关系数为

$$r = \frac{\sum_{i=1}^{n}(x_i - \overline{x})(t - \overline{t})}{\sqrt{\sum_{i=1}^{n}(x_i - \overline{x})^2 \sum_{i=1}^{n}(t - \overline{t})^2}} \qquad (2-14)$$

其中 $\qquad \overline{t} = \frac{1}{n}\sum_{t=1}^{n}t = \frac{1+n}{2}, \overline{x} = \frac{1}{n}\sum_{t=1}^{n}x_t$

相关系数 r 的检验采用数理统计学中的"假设检验"方法。对于给定的显著性水平 α，查表或计算得到相关系数的临界值 r_α，如果样本相关系数 r 满足 $|r| \geqslant r_\alpha$，则拒绝原假设 $b=0$，即认为线性趋势是存在的；否则接受原假设，即认为线性趋势是不存在的。

2.4.1.2　斯波曼（Spearman）秩次相关检验法

在分析序列 x_t 与时序 t 的相关关系时，x_t 用其秩次 R_t（即把序列 x_t 从小到大排列时，x_t 所对应的序号）代表，t 仍为时序（$t=1,2,\cdots,n$），秩次相关系数为

$$r = 1 - \frac{6\sum_{t=1}^{n}d_t^2}{n^3 - n} \qquad (2-15)$$

其中 $\qquad d_t = R_t - t$

式中　n——序列长度。

显然如秩次 R_t 与时序 t 相近时 d_t 小，秩次相关序数大，趋势显著。

相关系数 r 是否异于零，可采用 t 检验法，统计量

$$T = r\left(\frac{n-4}{1-r^2}\right)^{1/2} \qquad (2-16)$$

服从自由度为 $(n-2)$ 的 t 分布。原假设为无趋势。检验时，先计算 T，然后选择显著性水平 α，在 t 分布表中查出临界值 $t_{\alpha/2}$；当 $|T| > t_{\alpha/2}$ 时，拒绝原假设，说明序列与时间有相依关系，从而推断序列趋势显著；相反，则接受原假设，说明趋势不显著。

2.4.1.3　坎德尔（Kendall）秩次相关检验法

对序列 $x_1, x_2, \cdots, x_n$，先确定所有对偶值 $(x_i, x_j, j > i)$ 中 $x_i < x_j$ 出现的个数（设为 p）。顺序 (i, j) 子集是：$(i=1, j=2,3,4,\cdots,n)$，$(i=2, j=3,4,5,\cdots, n)$，$\cdots$，$(i=n-1, j=n)$。如果按顺序前进的值全部大于前一个值，则是一种上升趋势，p 为 $(n-1)+(n-2)+\cdots+1$，系为等差级数，则总和为 $(n-1)n/2$。如果序列全部倒过来，则 $p=0$，即为下降趋势。由此可知，对无趋势的序列，p 的数学期望 $E(p) = n(n-1)/4$。

此检验的统计量为

$$u = \frac{\tau}{[Var(\tau)]^{1/2}} \qquad (2-17)$$

其中
$$\tau = \frac{4p}{n(n-1)} - 1, \quad Var(\tau) = \frac{2(2n+5)}{9n(n-1)}$$

当 n 增加，U 很快收敛于标准化正态分布。原假设为无趋势时，一般采用双侧检验。在给定显著性水平 α 后，在正态分布表中查出临界值 $U_{\alpha/2}$，当 $|U| < U_{\alpha/2}$ 时，接受原假设，即趋势不显著；当 $|U| > U_{\alpha/2}$ 时，拒绝原假设，即趋势显著。

2.4.2 跳跃详细诊断

2.4.2.1 里海哈林（Lee‑Heghinian）法

对序列 $x_t(t=1,2,\cdots,n)$，在假定总体为正态分布和分割点 τ 的先验分布为均匀分布的情况下，推得可能分割点的后验条件概率密度函数为

$$f(\tau/x_1,x_2,\cdots,x_n) = k\left[\frac{n}{\tau(n-\tau)}\right]^{1/2}[R(\tau)]^{-(n-2)/2} \quad (1 \leqslant \tau \leqslant n-1) \quad (2-18)$$

式中　k——比例常数，一般取 $k=1$。

$$R(\tau) = \frac{\left[\sum_{t=1}^{\tau}(x_t - \overline{x}_\tau)^2 + \sum_{t=\tau+1}^{n}(x_t - \overline{x}_{n-\tau})^2\right]}{\sum_{t=1}^{n}(x_t - \overline{x}_n)^2} \quad (2-19)$$

其中
$$\overline{x}_\tau = \frac{1}{\tau}\sum_{t=1}^{\tau}x_t, \quad \overline{x}_{n-\tau} = \frac{1}{n-\tau}\sum_{t=\tau+1}^{n}x_t, \quad \overline{x}_n = \frac{1}{n}\sum_{t=1}^{n}x_t$$

由后验条件概率密度函数推求出满足 $\max_{1\leqslant\tau\leqslant n-1}\{f(\tau/x_1,x_2,\cdots,x_n)\}$ 条件的 τ，即为最可能的分割点，记作 τ_0。

该方法比较适合于检验均值发生变异的情况。

2.4.2.2 有序聚类法

该方法是以有序分类来推求最可能的干扰点 τ_0，其实质是求最优分割点，使同类之间的离差平方和最小，而类与类之间的离差平方和较大。对序列 $x_t(t=1,2,\cdots,n)$，设可能分割点为 τ，则分割前后离差平方和表示为

$$V_\tau = \sum_{t=1}^{\tau}(x_t - \overline{x}_\tau)^2 \text{ 和 } V_{n-\tau} = \sum_{t=\tau+1}^{n}(x_t - \overline{x}_{n-\tau})^2 \quad (2-20)$$

其中
$$\overline{x}_\tau = \frac{1}{\tau}\sum_{t=1}^{\tau}x_t, \quad \overline{x}_{n-\tau} = \frac{1}{n-\tau}\sum_{t=\tau+1}^{n}x_t$$

这样总离差平方和为

$$S_n(\tau) = V_\tau + V_{n-\tau} \quad (2-21)$$

最优二分割法为

$$S_n^* = \min_{1\leqslant\tau\leqslant n-1}\{S_n(\tau)\} \quad (2-22)$$

满足上述条件的 τ 作为最可能的分割点，记为 τ_0。

有序聚类法的思想可以用"物以类聚"来表达，该方法使用较为普遍，且检验效果较好。

2.4.2.3 最优信息二分割法

最优信息二分割法是从非概率的差异信息原理出发，量度水文时间和（或）空间序列发生变异的信息。该法需要针对不同的实际情况，构造出水文变异比较序列 Y_0，并且要求该序列能够通过差异信息原理来量度差异性大小；在具体问题里，选择最能显化变异点的比较序列结构，同时以离差平方的形式来构造水文变异的比较序列，建立最优信息二分割模型。具体步骤如下：

（1）构造比较序列。设水文序列为 $\{x_i | i=1,2,\cdots,n; x_i \geqslant 0\}$，序列干扰点可能为 $\tau(\tau=1, 2, \cdots, n)$，即不能确定变异点位置。

设对于某一 τ，比较序列 $Z_\tau = \{z_1, z_2, \cdots, z_n\}$，且至少存在 $z_i \neq 0$，$i \in N$。

$$z_i = \begin{cases} (x_i - \overline{x}_\tau)^2 & i \leqslant \tau \\ (x_i - \overline{x}_{n-\tau})^2 & i > \tau \end{cases} \tag{2-23}$$

其中
$$\overline{x}_\tau = \frac{1}{\tau} \sum_{i=1}^{\tau} x_i, \overline{x}_{n-\tau} = \frac{1}{n-\tau} \sum_{i=\tau+1}^{n} x_i$$

对于一定的样本容量 N，经不同的 τ 分割，可由一组水文序列变换得到 n 组比较序列 A^n，经证明这个比较序列组符合差异信息序列定义。

$$A^n = \{z_\tau | \tau = 1, 2, \cdots, n\}$$

$$= \begin{bmatrix} (x_1-\overline{x}_1)^2 & (x_2-\overline{x}_{n-1})^2 & \cdots & \cdots & \cdots & \cdots & (x_n-\overline{x}_{n-1})^2 \\ (x_1-\overline{x}_2)^2 & (x_2-\overline{x}_2)^2 & (x_3-\overline{x}_{n-2})^2 & \cdots & \cdots & \cdots & (x_n-\overline{x}_{n-2})^2 \\ (x_1-\overline{x}_3)^2 & (x_2-\overline{x}_3)^2 & (x_3-\overline{x}_3)^2 & \cdots & \cdots & \cdots & (x_n-\overline{x}_{n-3})^2 \\ \vdots & \vdots & \vdots & \ddots & \cdots & \cdots & \vdots \\ (x_1-\overline{x}_\tau)^2 & \cdots & & (x_\tau-\overline{x}_\tau)^2 & (x_{\tau+1}-\overline{x}_{n-\tau})^2 & \cdots & (x_n-\overline{x}_{n-\tau})^2 \\ \vdots & \vdots & \vdots & \vdots & \vdots & & \vdots \\ (x_1-\overline{x}_n)^2 & \cdots & & (x_\tau-\overline{x}_n)^2 & (x_{\tau+1}-\overline{x}_n)^2 & \cdots & (x_n-\overline{x}_n)^2 \end{bmatrix}$$

$$y_j = \left(\frac{1}{1+z_j^2}\right) / \sum_{k=1}^{n} \left(\frac{1}{1+z_k^2}\right) \tag{2-24}$$

差异序列的信息测度（记为 I_d），定义为

$$I_d(x) = I_m(x) - I(x) \tag{2-25}$$

其中
$$I_m(x) = K \ln S, I(x) = -K \sum_{j=1}^{S} y_j \ln y_j, K = \frac{1}{\ln 2}$$

差异信息的相对测度记为 $I_a(x)\%$，即

$$I_a(x)\% = \frac{I_d(x)}{I_{d,\max}(x)} \times 100\% = \frac{I_m(x) - I(x)}{I_m(x) - I_{\min}(x)} \times 100\% \tag{2-26}$$

（2）信息测度。由式（2-26）计算出 $I_a(Z_\tau)$，由于现实信息定义 $I_a(Z_\tau)$ 表征比较序列 Z_τ 的差异性，即经过分割变换后水文序列的整体差异性；而 $I_a(Z_n)$ 表示水文序列不进行分割，用来量度原始序列体系整体差异程度，设

$$C(z_\tau)=\frac{I_a(z_\tau)}{I_a(z_n)},B(\tau)=\frac{C(z_\tau)}{\overline{C}}-1 \tag{2-27}$$

其中

$$\overline{C}=\sum_{\tau=1}^{n}C(z_\tau)$$

$B(\tau)$ 为差异幅值，它表示在假设的变异点分割后，水文序列体系由于"分类"而使序列体系差异性增大或减小的程度。经过模拟数据试验，证明对于差异信息序列多变异点或单变异点的情况，可以判断变异点的位置和估计变化的跃度。

（3）图像诊断方法。

变异点是否存在图像变化平缓，无明显的波谷存在，即水文序列无变异点；图像变换有平缓段和剧烈段，且波谷明显，即水文序列存在变异点。

变异程度：图像波谷点为变异点时刻，且波谷越深，变异程度越大；同时由于 $B(\tau)$ 的某些性质，如当 τ 为变异点，则在 τ 处分类，将降低由于变异段的存在而使水文序列差异性增大的幅度，即合理的分类将使水文序列体系差异性降低，降低幅值越大，原始序列差异性越大；降低幅值最大的点即为最可能变异点。

该方法的特点是从差异信息熵的角度来检验序列的变异点。

2.4.2.4 R/S 检验法

R/S 分析是赫斯特在大量实证研究的基础上提出的一种时间序列统计方法，它在分形理论中有着重要的作用。基本原理和方法如下：

考虑一个时间序列 $\{\xi(t)\}(t=1,2,\cdots,n)$。对于任意正整数 $\tau\geq1$，定义均值序列

$$(E\xi)_\tau=\frac{1}{\tau}\sum_{\tau=1}^{\tau}\xi(t) \quad (\tau=1,2,\cdots,n) \tag{2-28}$$

用 $X(t)$ 表示累积离差

$$X(i,\tau)=\sum_{t=1}^{i}\left[\xi_i-(E\xi)_\tau\right]=\sum_{t=1}^{i}\xi_t-i(E\xi)_\tau \quad (1\leqslant i\leqslant\tau) \tag{2-29}$$

极差 R 定义为

$$R(\tau)=\max_{1\leqslant i\leqslant\tau}X(i,\tau)-\min_{1\leqslant i\leqslant\tau}X(i,\tau) \quad (\tau=1,2,\cdots,n) \tag{2-30}$$

标准差 S 定义为

$$S(\tau)=\left\{\frac{1}{\tau}\sum_{i=1}^{\tau}\left[\xi_i-(E\xi)_\tau\right]^2\right\}^{\frac{1}{2}} \quad (\tau=1,2,\cdots,n) \tag{2-31}$$

当 $\{\xi(t)\}(t=1,2,\cdots,n)$，是相互独立、方差有限的随机序列，即布朗运动时，赫斯特和费勒证明了如下结果

$$\frac{R(\tau)}{S(\tau)} = \left(\frac{\pi\tau}{2}\right)^H \tag{2-32}$$

其中，$H = \dfrac{1}{2}$。

当 $\{\xi(t)\}$ $(t = 1, 2, \cdots, n)$，不是相互独立的分数布朗运动时，可以证明 $R(\tau)/S(\tau) = (c\tau)^H$（$c$ 为某常数，H 为赫斯特指数）。

由于一维布朗样本函数的赫斯特指数 H 与其分形维数 D_0 之间有如下关系

$$D_0 = 2 - H \tag{2-33}$$

在求任意的一维布朗运动样本函数的分维值 D_0 时，可以先对其数据用上述方法进行 R/S 分析，再由线性回归方法算出 H，即

$$\ln\frac{R(\tau)}{S(\tau)} = H\ln c + H\ln\tau \tag{2-34}$$

进而由式（2-33）求出 D_0，分维值 D_0 表示运动轨迹的不平滑程度和激变程度，所以对于一维布朗样本函数，随着 H 的减小，D_0 的增大，其运动轨迹的平滑程度越差，变化越激烈。可见，赫斯特指数 H 与分式布朗运动的分维密切相关，它表示分式布朗运动的持久性（或者反持久性），即从一个侧面阐明了赫斯特指数的意义。

分形研究的是具有特定特征的无序系统，当分形的制约因素发生变化，分形就发生变化，分维值也发生变化；由于 H 与 D_0 成直线关系，H 的变化反映 D_0 的变化，故 H 值发生较大变化处即为变异点。在应用过程中，通常点绘 $\ln\tau$ 与 $\ln\dfrac{R(\tau)}{S(\tau)}$ 关系图，从图形上观察点群是否基本按直线分布。

为了能用该方法定量地识别变异点，本研究从其识别变异点的原理出发，近似计算分割点 τ 来反映 $\ln\tau$ 与 $\ln\dfrac{R(\tau)}{S(\tau)}$ 关系图上前后段拟合直线斜率的差异情况，并取斜率差异绝对值最大的点作为最可能变异点。

2.4.2.5 Brown-Forsythe 检验法

在统计学中，方差分析是分析试验数据均值水平差异的一种方法。其目的就是要把由观测条件不同和随机因素等原因引起的实验结果的差异进行定量区分，以确定在试验中是否存在起作用的系统性因素。常用的单因子方差分析要求样本正态分布、不同组数据的方差相等以及各组样本数量不能相差太大等。由于实践中数据较难满足这些条件，Brown 和 Forsythe 于 1974 年提出了改进方法，通常称为 Brown-Forsythe 检验法。具体计算公式为

$$F = \frac{\displaystyle\sum_{i=1}^{m} n_i (x_i - x_{\cdots})^2}{\displaystyle\sum_{i=1}^{m} (1 - n_i/N) s_i^2} \tag{2-35}$$

该统计量服从自由度为 $(m-1, f)$ 的 F 分布。

式中　m——分组数；

　　　n_i——第 i 组中的样本数；

　　　N——样本总数；

　　　$x_{i.}$——第 i 组的样本平均值；

　　　$x..$——样本总平均值；

　　　s_i^2——第 i 组的样本方差，计算公式为

$$N = \sum_{i=1}^{m} n_i \quad x_{i.} = \sum_{j=1}^{n_i} x_{ij}/n_i$$

$$x.. = \sum_{i=1}^{m}\sum_{j=1}^{n_i} x_{ij}/N = \sum_{i=1}^{m} n_i x_{i.}/N \quad s_i^2 = \sum_{j=1}^{n_i}(x_{ij}-x_{i.})^2/(n_i-1)$$

$$f = 1 / \sum_{i=1}^{m} \frac{c_i^2}{(n_i-1)} \quad c_i = \left(1-\frac{n_i}{N}\right)s_i^2 \left/ \left[\sum_{i=1}^{m}\left(1-\frac{n_i}{N}\right)s_i^2\right]\right.$$

上述公式中，同一组值为在同一观测条件下获得的样本，不同观测条件下的样本归在不同的组中。计算所得 F 越大，表明不同水平组间水平差异越大；在给定的显著性水平 α 下，若有 $F > F_\alpha$（F_α 为临界值，可查 F 分布表获得），则认为不同组间水平差异明显。

变异点识别：水文序列表现出的不同阶段性特征可看作是系统性因素作用的结果，而同一阶段内的序列波动认为是随机因素作用的结果，因此可以利用方差分析的原理建立序列变异点识别的方法，具体步骤如下：

（1）确定可能变异点。根据直观印象确定序列可能存在的阶段数 m，通过 $m-1$ 个点对原序列进行动态分割。以 $R_i (i=1, 2, \cdots, m-1)$ 表示第 i 个分割点的位置，对应每一组 $R_1, R_2, \cdots, R_{g-1} (1 \leqslant R_i \leqslant R_{i+1} < n)$，可得到一个具有 m 个子序列的序列分析结果，将 m 个子序列看作方差分析中的 m 组样本，即可计算一个 F 值。因此，对应所有 $R_1, R_2, \cdots, R_{m-1}$ 组合方式，可计算一序列的 F 值，其中最大值 F_{max} 对应的一组 $R_1, R_2, \cdots, R_{g-1}$ 值就是 $m-1$ 个可能变异点的位置。

（2）整体差异性检验。将 F_{max} 与某一显著性水平 α 对应的 F 分布临界值作对比，如果 $F_{max} > F_\alpha$，则表明 m 个子序列在整体水平上存在显著差异，可按步骤（3）作进一步判断；否则认为差异不存在，此时或认为序列不存在阶段性趋势，或重新选择阶段数 m 进行计算。

（3）相邻子序列差异性检验。步骤（2）中 F_{max} 通过检验只能表示 m 组数值总体差异显著，而不能表示任意两个相邻阶段间差异显著，故还需通过相邻两阶段差异显著检验。对第 k 和 $k+1 (k=1, 2, \cdots, m-1)$ 这两个子序列计算：$F < F_\alpha$，则表示两者间差异不大，需删去两者之间的可能变异点。对于单变异点而言，只有一组相邻子序列，整体差异显著性检验就是对相邻子序列的检验。

该方法既可以用来检验单变异点，也适合多变异点的检验。根据本研究的需要，仅设置了对单变异点进行检验的情况，并与其他单一变异点检验方法进行了比较。

2.4.2.6 滑动 F 检验法

滑动 F 检验是基于传统 F 检验法只能对变异点进行检验而不能寻找变异点而提出的，首先将 F 检验法作如下介绍：

设滑动点 τ 前后，两序列总体的分布函数分别为 $F_1(x)$ 和 $F_2(x)$，从总体 $F_1(x)$ 和 $F_2(x)$ 中分别抽取容量为 n_1 和 n_2 的两个样本，要求检验原假设：$F_1(x) = F_2(x)$。

设 $x_1, x_2, \cdots, x_{n1}$ 与 $y_1, y_2, \cdots, y_{n2}$ 分别代表滑动点 τ 前后两个样本序列。样本均值和方差分别为

$$\overline{x} = \frac{1}{n_1} \sum_{i=1}^{n_1} x_i, \quad \overline{y} = \frac{1}{n_2} \sum_{i=1}^{n_2} y_i \tag{2-36}$$

$$s_1^2 = \frac{1}{n_1} \sum_{i=1}^{n_1} (x_i - \overline{x})^2, \quad s_2^2 = \frac{1}{n_2} \sum_{i=1}^{n_2} (y_i - \overline{y})^2 \tag{2-37}$$

令 $s_1^{*2} = \frac{n_1}{n_1 - 1} s_1^2$, $s_2^{*2} = \frac{n_2}{n_2 - 1} s_2^2$，则有：

若 $s_1^{*2} > s_2^{*2}$，则 $F = \dfrac{s_1^{*2}}{s_2^{*2}}$，其自由度分别为 $v_1 = n_1 - 1$ 和 $v_2 = n_2 - 1$；

若 $s_1^{*2} < s_2^{*2}$，则 $F = \dfrac{s_2^{*2}}{s_1^{*2}}$，其自由度分别为 $v_1 = n_2 - 1$ 和 $v_2 = n_1 - 1$。

设置显著性水平为 α，由 v_1，v_2 查 F 分布表得出临界值 F_α，与计算值 F 相比较：若 $F < F_\alpha$，则认为两序列无显著差异，该序列不存在跳跃；若 $F > F_\alpha$，则认为两序列差异显著，该序列在 τ 点可能存在跳跃。

滑动 F 检验首先利用传统 F 检验法对序列逐点进行检验，然后找出满足 $F > F_\alpha$ 所有可能变异点 τ，最后从中确定使 F 统计量达到极大值的那一点作为所求的变异点 $\max\limits_{1 \leqslant \tau \leqslant n-1} \{ f(\tau / x_1, x_2, \cdots, x_n) \}$。

2.4.2.7 滑动 T 检验法

（1）首先介绍传统的 T 检验法。设滑动点 τ 前后，两序列总体的分布函数各为 $F_1(x)$ 和 $F_2(x)$，从总体 $F_1(x)$ 和 $F_2(x)$ 中分别抽取容量为 n_1 和 n_2 的两个样本，要求检验原假设：$F_1(x) = F_2(x)$。定义统计量为

$$T = \frac{\overline{x}_1 - \overline{x}_2}{S_w \left(\dfrac{1}{n_1} + \dfrac{1}{n_2} \right)^{1/2}} \tag{2-38}$$

其中

$$\begin{cases} \overline{x}_1 = \dfrac{1}{n_1} \sum_{t=1}^{n1} x_t \\ \overline{x}_2 = \dfrac{1}{n_2} \sum_{t=n_1+1}^{n_1+n_2} x_t \end{cases} \tag{2-39}$$

$$S_w^2 = \frac{(n_1-1)S_1^2 + (n_2-1)S_2^2}{n_1+n_2-2} \tag{2-40}$$

$$S_1^2 = \frac{1}{n_1-1}\sum_{t=1}^{n1}(x_t-\overline{x_1})^2, S_2^2 = \frac{1}{n_2-1}\sum_{t=n_1+1}^{n_1+n_2}(x_t-\overline{x_2})^2 \tag{2-41}$$

T 服从 $t(n_1+n_2-2)$ 分布，选择显著性水平 α，查 t 分布表得到临界值 $t_{\alpha/2}$，当 $|T|>t_{\alpha/2}$ 时，拒绝原假设，说明其存在显著性差异；当 $|T|<t_{\alpha/2}$ 时，则接受原假设。

（2）滑动 T 检验法。传统的 T 检验法只能对已知变异点进行验证而无法找出变异点，滑动 T 检验法是利用传统的 T 检验法对序列逐点进行检验，对于满足 $|T|>t_{\alpha/2}$ 所有可能的点 τ，选择使 T 统计量达到极大值的那一点作为所求的最可能变异点 τ_0。

滑动 T 检验法是一种较为传统的变异点检验方法，比较适合于均值发生变异的情况，序列的长度对检验结果影响较大，在序列较短时，检验结果不太理想。

2.4.2.8 滑动秩和检验法

传统的秩和检验法只能用于已知变异点的检验问题，而无法找出可能变异点。本书基于滑动思想，提出了滑动秩和检验法。

（1）传统秩和检验法。设跳跃前后，即分割点 τ_0 前后，两序列总体的分布函数分别为 $F_1(x)$ 和 $F_2(x)$，从总体 $F_1(x)$ 和 $F_2(x)$ 中分别抽取容量为 n_1 和 n_2 的两个样本，要求检验原假设：$F_1(x)=F_2(x)$。

把两个样本数据依大小次序排列并统一编号，规定每个数据在排列中所对应的序数称为该数的秩；对于相同的数值，则用它们序数的平均值作为该数的秩。现记容量小的样本中各数值的秩之和为 W，将 W 作为统计量。

当 n_1 和 n_2 均小于 10 时，在给定的显著性水平下，查秩和检验表可得统计量 W 的上限 W_2 和下限 W_1。如果 $W_1<W<W_2$，则认为两个总体无显著差异，即跳跃不显著；如果 $W\leqslant W_1$ 或者 $W\geqslant W_2$，则认为跳跃显著。

当 n_1 和 n_2 均大于 10 时，统计量 W 近似服从正态分布

$$N\left(\frac{n_1(n_1+n_2+1)}{2}, \frac{n_1n_2(n_1+n_2+1)}{12}\right) \tag{2-42}$$

于是可用 U 检验法（即服从正态分布统计量的检验）进行检验，这时的统计量

$$U = \frac{W-\frac{n_1(n_1+n_2+1)}{2}}{\sqrt{\frac{n_1n_2(n_1+n_2+1)}{12}}} \tag{2-43}$$

服从标准正态分布。式中 n_1 代表小样本容量。选择显著性水平 α，查正态分布表得出临界值 $U_{\alpha/2}$。当 $|U|<U_{\alpha/2}$，则接受原假设：$F_1(x)=F_2(x)$，即分割点 τ_0 前后两样本来自同一分布总体，表示跳跃不显著；否则，表示跳跃显著。

（2）滑动秩和检验法。滑动秩和检验法对秩和检验法作了一些改进：首先利用秩和检验法对序列逐点进行检验，找出满足 $|U|>U_{\alpha/2}$ 所有可能变异点 τ，选择使 U 统计量计算值达到极大值的点作为所求的最可能变异点 τ_0。

对于 $n_1>10$ 但 $n_2<10$ 或 $n_1<10$ 但 $n_2>10$ 的情况，查秩和检验表或采用 U 检验法都有较大误差，结论不可靠。当遇到这种情况时，一般根据实地调查的资料，作成因分析来判断序列是否存在变异性。

2.4.2.9 滑动游程检验法

传统的游程检验法只能用于已知变异点的检验问题，而无法找出可能变异点，本书提出了滑动游程检验法。

（1）传统游程检验法。游程检验是一种利用游程的总个数进行统计推断的方法。设 $x_1,x_2,\cdots,x_{n1}$ 与 $y_1,y_2,\cdots,y_{n_2}$ 是分别取自满足分布函数 $F_1(x)$ 和 $F_2(x)$ 的总体的两组独立样本，将这两组总体样本合并在一起，并按由小到大的次序排列得到：$Z_1 \leqslant Z_2 \leqslant \cdots \leqslant Z_{n_1+n_2}$，其中每个 Z_j 或者是总体 $F_1(x)$ 的样本，或者是总体 $F_2(x)$ 的样本，记 $u_j=0$ 表示 Z_j 是总体 $F_1(x)$ 的样本，$u_j=1$ 表示 Z_j 是总体 $F_2(x)$ 的样本，由此得到一个由 0 与 1 两个元素组成的序列 u_1，u_2，$\cdots$，$u_{n_1+n_2}$，如果 $u_{j-1}\neq u_j = u_{j+1}=\cdots=u_{j+l-1}\neq u_{j+l}$，则称 u_j，u_{j+1}，$\cdots$，u_{j+l-1} 是一个游程，组成这个游程中 u 的个数 l 称为该游程的长。因为 u_j 仅取 0 或 1 两种数值，所以只有两种类型的游程：0 游程和 1 游程。

对于一个随机序列，它的游程总数 K 是一个随机变量，当所有 n_1 个 0 连成一个 0 游程，n_2 个 1 连成一个 1 游程时，Z 取得最小值 2（升序或者降序）。当 n_1 个 0 与 n_2 个 1 交替出现时，K 取得最大值 $2\min(n_1,n_2)+1$（无序）。

直观看来，当原假设 $F_1(x)=F_2(x)$ 成立时，即 x_1，x_2，$\cdots$，x_{n_1} 与 y_1，y_2，$\cdots$，y_{n_2} 来自相同分布的总体时，序列的总游程个数 Z 将较大，甚至最大。若 Z 相对较小，此时长的游程出现得较多，这就表明个别样本中的元素有较大的密集现象，因此有理由可认为这两个样本不服从同一总体分布。

当 n_1 和 n_2 均小于 20 时，有专业表查用，检验十分方便。

可以证明在原假设 $F_1(x)=F_2(x)$ 成立时，如果 n_1 和 n_2 均大于 20，游程总数 K 迅速趋于正态分布

$$N\left(1+\frac{2n_1n_2}{n}, \frac{2n_1n_2(2n_1n_2-n)}{n^2(n-1)}\right) \tag{2-44}$$

于是可用 U 检验法进行检验，其统计量

$$U=\frac{K-\left(1+\dfrac{2n_1n_2}{n}\right)}{\sqrt{\dfrac{2n_1n_2(2n_1n_2-n)}{n^2(n-1)}}} \tag{2-45}$$

服从标准正态分布，式中 $n = n_1 + n_2$。选择显著性水平 α，查正态分布表得出临界值 $U_{\alpha/2}$。当 $|U| < U_{\alpha/2}$，则接受原假设：$F_1(x) = F_2(x)$，即认为分割点 τ_0 前后两样本来自同一总体分布，表示跳跃不显著，相反表示跳跃显著。

（2）滑动游程检验法。滑动游程检验法对游程检验法作了一些改进：首先利用游程检验法对序列逐点进行检验，然后对满足 $|U| > U_{\alpha/2}$ 所有可能的点 τ，选择使 U 计算值达到最大值的那一点，作为所求的跳跃点 τ_0。

至于 $n_1 > 20$ 但 $n_2 < 20$ 或 $n_1 < 20$ 但 $n_2 > 20$ 的情况，查秩和检验表或采用 U 检验法都有较大误差，结论不可靠。

2.4.2.10 Mann‑Kendall 检验法

在时间序列分析时，Mann‑Kendall 检验法是世界气象组织推荐的非参数检验方法，并已广泛地用来分析降水、径流和气温等要素时间序列的变化情况。该检验不需要样本服从一定的分布，也不受少数异常值的干扰，适合水文、气象等非正态分布的数据，计算简便。

Mann‑Kendall 检验法可以进一步用于检验序列突变，定义统计变量为

$$UF_k = \frac{[s_k - E(s_k)]}{\sqrt{Var(s_k)}} \quad (k = 1, 2, \cdots, n) \tag{2-46}$$

其中 $s_k = \sum_{i=1}^{k} \sum_{j}^{i-1} a_{ij} (k = 2, 3, \cdots, n)$，$a_{ij} = \begin{cases} 1 & x_i > x_j \\ 0 & x_i \leqslant x_j \end{cases}$，$1 \leqslant j \leqslant i$，$E(s_k) = k(k+1)/4$，$Var(s_k) = k(k-1)(2k+5)/72$。

将时间序列 x 按降序排列，再按式（2-46）计算，同时使

$$\begin{cases} UB_k = -UF_{k'} \\ k' = n + 1 - k \quad (k = 1, 2, \cdots, n) \end{cases} \tag{2-47}$$

通过分析统计序列 UF_k 和 UB_k，不仅可以进一步分析序列 x 的趋势变化，还可以明确突变的时间，指出突变的区域。若 UF_k 值大于 0，则表明序列呈上升趋势，小于 0 则呈下降趋势；两统计序列构成的曲线分别记为 UF 和 UB，如果两条曲线超过临界直线时，表明上升或下降趋势显著；如果两条曲线出现交点，且交点在临界直线之间，那么交点对应的时刻就是突变开始的时刻。

此方法与别的检验方法有所不同的是，在检验时，其两条曲线的交点通常位于两个年份之间，即突变点不指向某一个确定的点，需要采取一定的方法从两个点中选取一点作为突变点。

2.4.2.11 Bayesian（贝叶斯）方法

贝叶斯方法是根据观测到的资料，通过蒙特卡洛马尔科夫链（MCMC）随机抽样的方法来估计变点位置的后验概率分布，具体如下：

对一固定时刻，假设水文序列的观测值 x_i 的发生服从某一概率分布。考虑到数

学推导的复杂性和假设的合理性，这个分布可以采用正态分布；即使原时间序列不符合正态分布的规律，也可通过某种数学变换（比如取对数）产生一个符合正态分布的新序列。如果产生水文序列的物理机制在某一时刻发生了突变，那么这一时刻（即变点）前后的观测值 y_i 所服从的正态分布的统计参数将不再相同。在变点时刻 k 以前和以后，观测值 x_i 所服从的分布的密度函数分别记为

$$x_i \sim N(\mu_a, \sigma_a^2) \quad (i = 1, 2, \cdots, k) \tag{2-48}$$

$$x_i \sim N(\mu_b, \sigma_b^2) \quad (i = k+1, \cdots, n) \tag{2-49}$$

如果只研究水文序列的均值是否发生变化，则可以假设方差不变，即 $\sigma_a^2 = \sigma_b^2 = \sigma^2$，并且 σ^2 的值可由实测的水文序列来估计；对于 μ_a 和 μ_b，则假设它们服从一定的概率分布；在获得任何实测的水文序列之前，我们对 μ_a 和 μ_b 的分布函数（这时叫先验分布）并不了解，而只能假设，一般可以假定 μ_a 和 μ_b 的先验分布为相同的正态分布，即

$$\mu_a \sim N(\mu_0, \sigma_0^2), \mu_b \sim N(\mu_0, \sigma_0^2) \tag{2-50}$$

注意当 σ_0^2 趋近于无穷大时，正态分布趋近于非正常均匀分布；在无信息条件下，假设 μ_a 和 μ_b 的先验分布为方差很大的正态分布或者是从 $-\infty$ 到 $+\infty$ 的均匀分布是合理的。在实际应用中，μ_0 可取为整个实测水文序列的均值，而 σ_0^2 取值应大于等于 σ^2 的 4 倍，即 $\sigma_0^2 \geqslant 4\sigma^2$。

根据贝叶斯定理，在获得观测信息 $X = \{X_k, X^{k+1}\}$ 后，就可以推导出分布参数 μ_a 和 μ_b 的后验分布。由观测信息 X_k，推导出 μ_a 的后验分布为

$$\mu_a | X_k \sim N(\mu_a^*, \sigma_a^{*2}) \tag{2-51}$$

其中
$$\mu_a^* = \frac{n^* \cdot \mu_0 + \sum_{i=1}^{k} x_i}{n^* + k}, \sigma_a^{*2} = \frac{\sigma^2}{n^* + k}, n^* = \frac{\sigma^2}{\sigma_0^2}$$

由观测信息 Y^{k+1}，推导出 μ_b 的后验分布为

$$\mu_b | X^{k+1} \sim N(\mu_b^*, \sigma_b^{*2}) \tag{2-52}$$

其中
$$\mu_b^* = \frac{n^* \cdot \mu_0 + \sum_{i=k+1}^{n} x_i}{n^* + (n-k)}, \sigma_b^{*2} = \frac{\sigma^2}{n^* + (n-k)}, n^* = \frac{\sigma^2}{\sigma_0^2}$$

接下来要推导变点发生位置 k 的后验分布密度函数，这是贝叶斯变点分析模型的核心，该过程分为两步。

首先导出在给定 μ_a 和 μ_b 的情况下，观测资料 $X = \{X_k, X^{k+1}\}$ 发生的联合分布函数为

$$p(X \mid k, \mu_a, \mu_b) = \prod_{i=1}^{k} \frac{1}{\sqrt{2\pi}\sigma} \exp\left[-\frac{(x_i - \mu_a)^2}{2\sigma^2}\right] \prod_{i=k+1}^{n} \frac{1}{\sqrt{2\pi}\sigma} \exp\left[-\frac{(x_i - \mu_b)^2}{2\sigma^2}\right]$$

$$\tag{2-53}$$

然后根据贝叶斯法则，推导变点发生位置 k 的后验分布密度函数

$$p(k \mid X, \mu_a, \mu_b) = \frac{p(X \mid k, \mu_a, \mu_b) \cdot p(k)}{\sum\limits_{j=1}^{n} p(X \mid j, \mu_a, \mu_b) \cdot p(j)} \qquad (2-54)$$

式中 $p(j)$——变点发生位置 k 的先验分布，一般假定为均匀分布，即 $p(j)=1/n$，$j=1, \cdots, n$。

在这个假定下，变点发生位置 k 的后验分布密度函数最终可以简化为

$$p(k \mid X, \mu_a, \mu_b) = \frac{p(X \mid k, \mu_a, \mu_b)}{\sum\limits_{j=1}^{n} p(X \mid j, \mu_a, \mu_b)} \qquad (2-55)$$

变点发生位置 k 的后验发生概率的期望值则为

$$p(k \mid X) = \iint p(k \mid X, \mu_a, \mu_b) \mathrm{d}\mu_a \mathrm{d}\mu_b \qquad (2-56)$$

式（2-56）可由蒙特卡洛马尔科夫链（MCMC）随机抽样法来估计。

贝叶斯方法是一种在数学上比较复杂的方法，与其他方法相比，该方法的优点是能够给出变点可能发生位置的概率分布。

2.5   综合诊断

2.5.1   综合诊断的定义

20 世纪 80 年代初，美国国家安全工业协会（NSIA）最早提出了综合诊断的概念并成立了综合诊断工作组。NSIA 对综合诊断所下的定义为："通过考虑和综合全部有关的诊断要素，使系统诊断能力达到最佳的结构化设计和管理过程。"变异综合诊断则是在对水文时间序列进行多种方法的详细诊断后，通过趋势综合、跳跃综合以及变异形式的选择得到变异结论；最后结合实际水文调查分析，对变异形式和结论进行确认，从而得到最可能的变异诊断结果。

2.5.2   趋势综合

所谓趋势综合是指对趋势检验方法得到的结论进行综合。若某种方法判断趋势显著，则其显著性为 1；反之为 -1。将各种检验方法得到的显著性进行求和，即得到趋势的综合显著性。若综合显著性大于等于 1，则认为趋势显著；若小于 1，则认为趋势不显著。

2.5.3   跳跃综合

跳跃综合包括两个方面：权重综合和显著性综合。

2.5.3.1 权重综合

由于采用多种检验方法得到的检验结论（跳跃发生的时间）可能不一致，而同一个跳跃点也可能会被多种检验方法检验得到，因此若某一点由多种方法判断为跳跃点，则该点可获得这几种方法的权重之和。权重综合就是对不同方法得到的检验结果和对每个结果获得的权重之和进行统计，以权重之和最大的点为最可能跳跃点。至于各种检验方法在综合结论时拥有的权重，可以根据各种检验方法的检验效率通过统计实验和采用向量相似度法来确定，具体计算原理将在 2.6 节介绍。

2.5.3.2 显著性综合

跳跃显著性综合与趋势显著性综合类似，若某种方法判断某点跳跃显著，则其显著性为 1；若跳跃不显著，则其为 −1；若不能进行显著性检验，则为 0。将各种方法检验该点得到的显著性进行求和，即可得到该点的综合显著性。若综合显著性大于等于 1，则跳跃显著；若小于 1，则认为跳跃不显著。

2.6 权重计算原理

通过统计实验对诊断系统的各种跳跃变异检验方法进行抽样，利用向量相似度原理确定各种检验方法的权重。

2.6.1 向量相似度计算原理

向量相似度法就是通过计算各性能指标向量与综合指标向量的相似度进而确定指标权重，其基本思路是：首先通过统计实验确定各方法的特征向量和综合指标向量（它反映了总体变异性）；然后对各向量进行无量纲化处理，计算各方法特征向量与综合指标向量的相似度，根据相似度的大小得出各方法对变异结论的贡献度；最后将所得贡献度进行归一化处理即可得出各方法的权重。由于此方法是利用系统性能指标抽样数据来确定指标权重，因此该方法具有较强的客观性。

2.6.1.1 向量相似度的定义

在定义向量相似度（γ）之前，介绍一下相关知识。设有两向量：$\boldsymbol{X} = (x_1, x_2, \cdots, x_n)$，$\boldsymbol{Y} = (y_1, y_2, \cdots, y_n)$，则：

（1）向量的内积为

$$[\boldsymbol{X}, \boldsymbol{Y}] = x_1 y_1 + x_2 y_2 + \cdots + x_n y_n \tag{2-57}$$

（2）向量的范数（长度）为

$$\| \boldsymbol{X} \| = \sqrt{[\boldsymbol{X}, \boldsymbol{X}]} = \sqrt{x_1^2 + x_2^2 + \cdots + x_n^2} \tag{2-58}$$

（3）向量的夹角为

$$\theta = \arccos \frac{[\boldsymbol{X}, \boldsymbol{Y}]}{\|\boldsymbol{X}\| \cdot \|\boldsymbol{Y}\|} \quad (0 \leqslant \theta \leqslant 180°) \tag{2-59}$$

（4）向量的正交：当 $H = 90°$ 时，即

$$[\boldsymbol{X}, \boldsymbol{Y}] = 0 \tag{2-60}$$

满足式（2-60）的向量 $\boldsymbol{X}$，$\boldsymbol{Y}$ 称为正交向量。

由于向量包括方向和大小两个要素，故可用方向和大小来综合表征两向量的相似度。定义如下：

定义1：设 $\boldsymbol{X} = (x_1, x_2, \cdots, x_n)$ 为参考向量，$\boldsymbol{Y} = (y_1, y_2, \cdots, y_n)$ 为比较向量，则向量 $\boldsymbol{X}$ 与 $\boldsymbol{Y}$ 的范数（长度）相似度（α）为

$$\alpha = \begin{cases} 1 - \dfrac{|\|\boldsymbol{X}\| - \|\boldsymbol{Y}\||}{\|\boldsymbol{X}\|} & \|\boldsymbol{Y}\| \leqslant 2\|\boldsymbol{X}\| \\ 0 & \|\boldsymbol{Y}\| > 2\|\boldsymbol{X}\| \end{cases} \tag{2-61}$$

定义2：设 $\boldsymbol{X} = (x_1, x_2, \cdots, x_n)$ 为参考向量，$\boldsymbol{Y} = (y_1, y_2, \cdots, y_n)$ 为比较向量，则向量 $\boldsymbol{X}$ 与 $\boldsymbol{Y}$ 的方向相似度（β）为

$$\beta = 1 - \frac{\theta}{90°} \tag{2-62}$$

定义3：设 $\boldsymbol{X} = (x_1, x_2, \cdots, x_n)$ 为参考向量，$\boldsymbol{Y} = (y_1, y_2, \cdots, y_n)$ 为比较向量，则 $\boldsymbol{X}$ 与 $\boldsymbol{Y}$ 的向量相似度（γ）为向量范数相似度（α）与向量方向相似度（β）的乘积，即

$$\gamma = \alpha \cdot \beta \tag{2-63}$$

由上述定义，依据向量的两要素（大小和方向）把向量的相似度（γ）分解为范数相似度（α）与方向相似度（β），从而使得向量的相似度得以准确的表达。由定义可知

（1）$\alpha \in [0, 1]$，当 $\|\boldsymbol{Y}\| \leqslant \|\boldsymbol{X}\|$ 时，$\alpha = \dfrac{\|\boldsymbol{Y}\|}{\|\boldsymbol{X}\|}$；当 $2\|\boldsymbol{X}\| \geqslant \|\boldsymbol{Y}\| \geqslant \|\boldsymbol{X}\|$ 时，$\alpha = 1 - \dfrac{\|\boldsymbol{Y}\| - \|\boldsymbol{X}\|}{\|\boldsymbol{X}\|}$；当 $\|\boldsymbol{Y}\| \geqslant 2\|\boldsymbol{X}\|$ 时，$\alpha = 0$。

（2）$\beta \in [-1, 1]$，当 $0 \leqslant \theta \leqslant 90°$ 时 $\beta \in [0, 1]$；当 $90° \leqslant \theta \leqslant 180°$ 时 $\beta \in [-1, 0]$。

（3）$\gamma \in [-1, 1]$，当 $0 \leqslant \theta \leqslant 90°$ 时，$\gamma \in [0, 1]$；当 $90° \leqslant \theta \leqslant 180°$ 时 $\gamma \in [-1, 0]$。

（4）正交向量（$\theta = 90°$）的相似度为 $\gamma = 0$。

（5）对于范数（长度）相同的两向量，若夹角 $\theta = 0$，则 $\gamma = 1$；若夹角 $\theta = 180°$，则 $\gamma = -1$。

2.6.1.2 向量相似度赋权原理

在确定系统各性能指标的权重过程中，如何具体衡量某一指标对系统的影响到底有多大？为此，首先通过各指标数据抽样确定各指标的特征向量和系统的综合指标向量（它反映了系统总体效能）；再通过对各向量无量纲化处理，依据定义得出各指标与系统综合指

标向量的相似度（可看作各系统指标对系统效能的贡献度）；最后根据相似度的大小就可以得出各指标对系统效能的贡献度，并将所得相似度（贡献度）进行归一化处理即可得出各指标的权重。根据上述的思想，建立如图 2-1 所示的权重确定流程图。

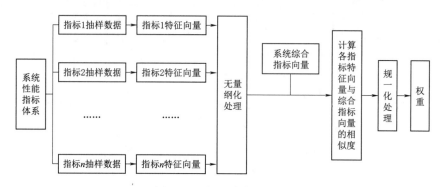

图 2-1　权重确定流程图

具体步骤如下：

（1）对各指标进行抽样。设系统指标体系共有 n 个性能指标：$\boldsymbol{X}_1, \boldsymbol{X}_2, \boldsymbol{X}_3 \cdots \boldsymbol{X}_n$，现抽取各性能指标在系统各状态下的 z 组数值：$x_{i1}, x_{i2}, x_{i3}, x_{iz}, i=1,2,\cdots,n$。为了使抽样能尽可能地反映系统情况，抽样样本容量在允许的情况下应适当大些（一般情况下 $z \geqslant 6$）。

（2）建立各指标抽样样本的特征向量和系统综合指标向量。设第 k 个指标抽样样本的特征向量为：$\boldsymbol{X}_k=[x_{k1}, x_{k2}, x_{k3}, \cdots, x_{kz}]$。其中，$x_{kj}(j=1,2,\cdots,z)$ 为系统各指标 z 组抽样数据的抽样值。

根据各指标抽样数据建立系统综合指标向量 $\boldsymbol{T}=[t_1, t_2, t_3, \cdots, t_n]$，其中，$t_i = E(X_i)=\dfrac{1}{z}\sum\limits_{j=1}^{z} x_{ij}(i=1,2,3,\cdots,n)$。

（3）对系统综合指标向量和各指标特征向量进行无量纲化处理。通常，评价指标有"极大型""极小型""居中型""区间型"指标之分。所谓极大型指标是指其取值越大越好，如产值、利税等；极小型指标是指其取值越小越好，如成本、能耗等；居中型指标是指取值越居中越好的指标，如人的身高、体重等；而区间型指标是期望其取值以落在某个区间为最佳的指标。根据对评价指标分类的不同，对指标集 Ω 可作如下划分，即令

$$\Omega=\bigcup_{i=1}^{4} \Omega_i \text{ 且 } \Omega_i \bigcap \Omega_j=\phi \quad (i,j=1,2,3,4 \text{ 且 } i \neq j) \tag{2-64}$$

式中　$\Omega_i(i=1,2,3,4)$——极大型指标集、极小型指标集、居中型指标集、区间型指标集，ϕ 为空集。

为使各指标数据之间有可比性，对指标数据作如下变换，使其之间具有统一的度量标准。

对于极大型指标 x，令

$$x' = (x-m)/(M-m) \qquad (2-65)$$

式中　M、m——指标 x 允许的上、下界。

对于极小型指标 x，令

$$x' = (M-x)/(M-m) \qquad (2-66)$$

对于居中型指标 x，令

$$x' = \begin{cases} 2(x-M)/(M-x) & m \leqslant x \leqslant (M+m)/2 \\ 2(M-x)/(M-m) & (M+m)/2 \leqslant x \leqslant M \end{cases} \qquad (2-67)$$

对于区间型指标 x，令

$$x' = \begin{cases} 1.0-(q-x)/\max\{q_1-m, M-q_2\} & x < q_1 \\ 1.0 & x \in [q_1, q_2] \\ 1.0-(x-q)/\max\{q_1-m, M-q_2\} & x > q_1 \end{cases} \qquad (2-68)$$

式中　$[q_1, q_2]$——指标 x 的最佳稳定区间。

这样，x 通过式（2-65）~式（2-67）或式（2-68）都可转化为无量纲的极大型指标了。

（4）计算各指标特征向量与其系统综合指标向量的相似度。利用式（2-63），计算 X_k 与 M 的相似度 γ_k，即 γ_k 为第 k 个指标向量与系统综合指标向量的相似度，它反映了该指标对系统总效能的贡献程度。

（5）确定各指标的权重分配。将各指标特征向量与其系统综合指标向量的相似度 γ_k 进行归一化处理，即可得到各指标的权重 W_k，即

$$W_k = \frac{\gamma_k}{\sum\limits_{i=1}^{n} \gamma_i} \qquad (2-69)$$

2.6.2　水文变异检验方法权重计算

根据向量相似度原理，结合统计实验所得的数据，计算各变异点检验方法的权重，其权重确定流程如图 2-2 所示。

其计算步骤为：

步骤 1：确定指标体系。设总共有 n 种计算方法，则其指标体系为 X_1，X_2，X_3，$\cdots$，X_n。

步骤 2：抽取某状态下 n 个指标的 z 组数值，并对指标进行量化，可得抽样数据的量化矩阵

$$\boldsymbol{B} = \begin{bmatrix} x_{11} & \cdots & x_{i1} & \cdots & x_{n1} \\ x_{12} & \cdots & x_{i2} & \cdots & x_{n2} \\ & \ddots & & \ddots & \\ x_{1z} & \cdots & x_{iz} & \cdots & x_{nz} \end{bmatrix}$$

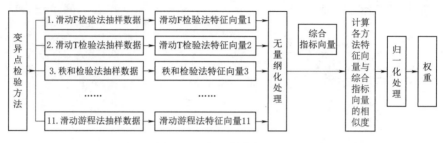

图 2-2　权重确定流程图

步骤 3：求各指标抽样的期望值。指标 X_i 的期望值 $E_i = \dfrac{1}{z}\sum\limits_{j=1}^{z} x_{ij}$，其中 $i = 1, 2, \cdots, n$。

步骤 4：由向量相似度赋权法求各检验方法的权重 w_k。

由上述计算步骤可知：总共的计算方法数 $n = 11$，抽样数据通过统计实验来获得，首先通过变异序列生成器生成所需要的变异序列。

变异序列生成器就是采用线性同余数法生成 $[0, 1]$ 区间上随机数，混洗后生成周期为无穷的均匀分布随机序列，再采用舍选法生成长度为 N（取偶数）、变异点在中间，且满足 P-Ⅲ 型分布的水文序列的一种方法，其中 $[1, N/2]$ 序列满足均值为 X_1，变差系数为 C_{v1}，偏态系数为 C_{s1} 的 P-Ⅲ 型分布；$[N/2+1, N]$ 序列满足均值为 X_2，变差系数为 C_{v2}，偏态系数为 C_{s2} 的 P-Ⅲ 型分布。

根据第一段均值（X_1）、变差系数（C_{v1}）、偏态系数（C_{s1}）以及第二段均值（X_2）、变差系数（C_{v2}）、偏态系数（C_{s2}）的不同取值情况，总共有 7 种组合 $M = C_3^1 + C_3^2 + C_3^3$。其中，$C_3^1$ 表示序列的前半部分与后半部分的 3 个统计特征值（均值、变差系数、偏态系数）只有一个不相同，共有 3 种组合；C_3^2 表示序列的前半部分与后半部分的 3 个统计特征值有两个不相同，共有 3 种组合；C_3^3 表示序列的前半部分与后半部分的 3 个统计特征值都不相同，共有 1 种组合。可以看出，这 7 种组合包括了单点变异的所有可能情况。

其次，根据设置的 7 种变异情况进行统计抽样。统计实验分为三大类：Ⅰ类，单参数变异检验；Ⅱ类，双参数变异检验；Ⅲ类，三参数变异检验。每种变异情况下，利用变异点生成器生成长度为 1000 的水文序列，在允许度（各方法检验变异点与设置变异点之间差异幅度的允许范围）为 1%、抽样组数为 50 组的情况下，统计各方法的检验效率。

统计抽样的 3 类 7 种抽样方法，为了保证抽样的全面，总共进行了 120 次抽样（$j = 120$），得到各方法的抽样值 $\{x_{nj} \mid n = 1, 2, \cdots, 10; j = 1, 2, \cdots, 120\}$，然后，根据式（2-61）～式（2-63）计算各方法的范数相似度（长度相似度）α、方向相似度 β 以及向量相似度 γ，最后根据式（2-69）计算各方法的权重，其计算结果见表 2-3。

表 2-3 　　　　　　　　　　　　各方法的排队等级及 w_i 值

检验方法名称	范数相似度 α	方向相似度 β	向量相似度 γ	归一化后的权重
秩和检验	0.5773	0.5526	0.3190	0.1412
Brown-F	0.5642	0.4945	0.2790	0.1234
滑动 T	0.5291	0.4943	0.2616	0.1158
Bayesian 法	0.5288	0.4923	0.2603	0.1152
有序聚类	0.5257	0.4909	0.2518	0.1142
里和海哈林	0.5259	0.3543	0.1864	0.0825
滑动 F	0.2714	0.4698	0.1275	0.0564
Mann-K	0.1633	0.466	0.0761	0.0336
最优信息	0.1419	0.2256	0.032	0.0142
滑动游程	0.6919	0.6437	0.4453	0.1971
R/S	0.0342	0.4214	0.0144	0.0064

　　各种变异点检验方法都有其各自的适用范围和假设条件：当满足其假设条件时，检验效率很高；当不完全满足其假设条件时，检验效率会降低。从表上可以看出，秩和检验在不同变异情况下，检验效率最高，其权重也是最大的；Brown-F、Bayesian、里和海哈林、有序聚类、滑动 T 的权重次之；Mann-K、滑动 F 再次之；最优信息二分割、R/S 检验的综合检验效率较低，权重也较小。各方法的权重对比如图 2-3 所示。

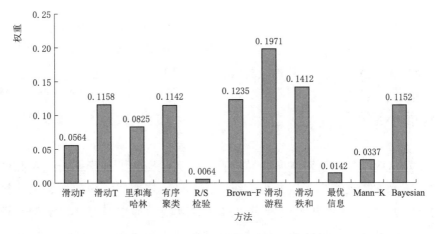

图 2-3　各方法的权重对比图

2.7　诊断结论输出

2.7.1　变异形式的选择

　　根据前文详细诊断结果，若趋势和跳跃仅有一种变异显著，则直接得出结论；但实际应用中，有可能出现趋势和跳跃都比较显著的情况，这时需要根据一定的标准来判断序列是更接近于趋势变异还是跳跃变异。本研究引入效率系数来评价实测水文序列与跳跃成分或趋势成分的拟合程度，其计算公式为

$$R^2 = 1 - \frac{\sum\limits_{i=1}^{n}(Q_{obs,i} - Q_{sim,i})^2}{\sum\limits_{i=1}^{n}(Q_{obs,i} - \overline{Q}_{obs})^2} \tag{2-70}$$

式中 $Q_{obs,i}$ $(i=1, \cdots, n)$——实测水文序列；

$\overline{Q}_{obs}$——实测水文序列的均值，对于跳跃变异诊断，设 k 为跳跃点，则

$$Q_{sim,i} = \frac{1}{k}\sum\limits_{i=1}^{k}Q_{obs,i} \quad (i=1, \cdots, k) \tag{2-71}$$

$$Q_{sim,i} = \frac{1}{n-k}\sum\limits_{i=k+1}^{n}Q_{obs,i} \quad (i=k+1, \cdots, n) \tag{2-72}$$

对于趋势变异诊断，$Q_{sim,i}$ 则为所拟合趋势线上（一元回归直线）各点的值。

最后，以跳跃和趋势效率系数的较大者作为选择的变异形式。

2.7.2   成因分析及诊断结论验证

水文变异诊断系统虽然在一定程度上解决了单一检验方法有时检验结果可信度差，多种检验方法常常检验结果不一致的问题，但毕竟是从数学和统计学出发得出的结论，是否与实际情况相符还需要从成因调查分析上进一步验证。

2.8   本章小结

（1）本章从统计学角度对水文变异进行了定义，提出了基于 Hurst 系数的水文变异检验法，将水文序列变异程度分为 5 级（无变异、弱变异、中变异、强变异和巨变异）。所构建的水文变异诊断系统考虑了趋势和跳跃两种变异形式，由初步诊断、详细诊断和综合诊断 3 个部分组成。通过统计实验的方法得到各检验方法的权重，克服了主观赋权重的随意性和主观性，使得变异诊断结果更加客观和合理。

（2）水文变异诊断系统与单一检验方法相比，检验指标较丰富，能从多方面对水文序列进行检验，可以较全面地反映了时间序列的变异特性，因而检验分辨率较高；同时结合实际水文调查，从物理成因上分析变异点发生的年份，使得检验结果具有系统性和可靠性。

（3）水文变异诊断系统通过对跳跃点检验方法的结果进行综合分析，较好地解决了单一检验方法有时检验结果可信度差，多种检验方法常常检验结果不一致的问题。

（4）对跳跃点进行识别与检验时，只考虑了单个跳跃点的情况，对于多个跳跃点，可采用两种方式进行判别：①选取权重较大且在调查结论支持区间的点均可认为是跳跃点；②在找出单个跳跃点后可将原序列分为两部分，再对分割的样本分别进行检验。

参考文献

［1］ 谢平，陈广才，雷红富，等. 变化环境下地表水资源评价方法［M］. 北京：科学出版社，2009.

［2］ 谢平，陈广才，夏军. 变化环境下非一致性年径流序列的水文频率计算原理［J］. 武汉大学学报（工学版），2005，38（6）：6-9.

［3］ 谢平，陈广才，雷红富，等. 论变化环境下的地表水资源评价方法［J］. 水资源研究，2007，28（3）：1-3.

［4］ 谢平，陈广才，雷红富，等. 水文变异诊断系统［J］. 水力发电学报，2010（1）：85-91.

［5］ 谢平，陈广才，雷红富. 基于 Hurst 系数的水文变异分析方法［J］. 应用基础与工程科学学报，2009，17（1）：32-39.

［6］ 庄常陵. 相关系数检验法与方差分析一致性的讨论［J］. 高等函授学报，2003，16（4）：11-14.

［7］ 潘承毅，何迎晖. 数理统计的原理与方法［M］. 上海：同济大学出版社，1992.

［8］ 周芬. Kendall 检验在水文序列趋势分析中的比较研究［J］. 人民珠江，2005（2）：35-37.

［9］ 丁晶. 洪水时间序列干扰点的统计推断［J］. 武汉水利水电学院学报，1986（5）：36-41.

［10］ Lee A F S, Heghinian S M. A shift of the mean level in a sequence of independent normal random variable: A Bayesian Approach［J］. Technometrics, 1977, 19（4）：503-506.

［11］ 孙山泽. 非参数统计讲义［M］. 北京：北京大学出版社，2000.

［12］ 陈广才，谢平. 水文变异的滑动 F 检验与识别方法［J］. 水文，2006，26（5）：57-60.

［13］ 盛骤，谢世千，潘承毅. 概率论与数理统计［M］. 北京：高等教育出版社，2001.

［14］ 丁晶，邓育仁. 随机水文学［M］. 成都：成都科技大学出版社，1988.

［15］ 夏军，穆宏强，邱训平，等. 水文序列的时间变异性分析［J］. 长江职工大学学报，2001，18（3）：1-4.

［16］ 王孝礼，胡宝清，夏军. 水文时序趋势与变异点的 R/S 分析法［J］. 武汉大学学报（工学版），2002，35（2）：10-12.

［17］ 张一驰，周成虎，李宝林. 基于 Brown-Forsythe 检验的水文序列变异点识别［J］. 地理研究，2005，24（5）：741-748.

［18］ Mann H B. Non-parametric test against trend［J］. Economic, 1945（13）：245-259.

［19］ 熊立华，周芬，肖义，等. 水文时间序列变点分析的贝叶斯方法［J］. 水电能源科学，2003，21（4）：39-41.

［20］ 徐绪松，马莉莉，陈彦斌. R/S 分析的理论基础：分数布朗运动［J］. 武汉大学学报（理学版），2004，50（5）：547-550.

［21］ 焦利明，冯世立，邓长江. 基于向量相似度赋权法的 C3I 系统效能评估［J］. 火力与指挥控制，2005，30：202-204.

第 3 章

非一致性水文频率计算原理及方法

由于受频繁人类活动和气候变化的影响，流域下垫面情况发生了较大的变化，使得流域水资源形成的物理条件也相应地发生了变化，造成流域蒸散发量加大、河川径流减少以及断流等，这样就使得用于水资源评价计算的天然年径流量序列失去了一致性。过去采用流域内工农业、生活等用水量调查方法，还原了天然产水量中的引水量、耗水量、流域内各水库蓄水变量、水面蒸发的增耗量，但只能解决流域内人类活动直接引起的水量还原计算问题，而无法解决由于气候变化和流域下垫面变化间接引起的水资源量变异问题；而且"还原"或"还现"计算，均只能反映过去或现状径流形成的条件，而无法适应环境的变化。因此，在水资源评价工作中迫切需要从理论上提出一套适应环境变化的水文频率计算方法，以反映过去、现状和未来各个时期下垫面条件下的地表水资源评价结果。

本章介绍的基于时间序列分析的非一致性水文频率计算原理和方法，可以适应变化环境对水文频率计算的需求。该方法首先采用成因分析法或统计分析法对非一致性水文序列的确定性成分和随机性成分进行识别与检验；然后根据时间序列分析的分解与合成理论，将非一致性水文序列分解成确定性成分和随机性成分，并分别对水文序列的确定性成分进行拟合计算，对水文序列的随机性成分进行频率计算；最后将确定性的预测值和随机性的设计值进行合成，并得到过去、现状和未来合成序列的频率分布，从而解决变化环境下非一致性序列的水文频率计算问题。

3.1 非一致性水文频率计算的假设前提

水文序列是一定时期内气候因素、下垫面自然因素、人类活动（下垫面人为因素）等因素综合作用的产物，资料本身就反映了这些因素对其影响的程度或造成资料发生的变化。无论水文现象的变化多么复杂，水文序列总可以分解成两种成分，即确定性成分和随机性成分。当水文序列的影响因素在一定时期内自身变化规律比较稳定时，受其影响的水文序列也表现出比较稳定的变化规律，此时水文序列是在"一致性"的物理条件下产生的,其确定性成分可以忽略,而随机性成分起主导作用,这就是通常认为水文序列满足"一致性"的原因。然而,由于气候因素(如温室效应、气候转型等)、下垫面自然因素(如火山爆发、地震等)和人为因素(如水利水保工程、城市化、农业化等)的突变或渐变,常常造成水文序列的变化规律在一定时期内也发生剧烈的突变或缓慢的渐变,此时水文序列是在"非一致性"的物理条件下产生的,除了随机性成分之外,其确定性成分不可忽视,这也就是通常认为水文序列不满足"一致性"的原因。但是一旦水文序列经过突变或渐变后达到新的平衡或稳定状态,此时随机性成分又将起主导作用。鉴于此,本研究提出如下假设:"非一致性"水文序列由确定性成分和随机性成分组成;当水文序列的变化规律在一定时期内比较稳定时,水文序列是一致的,其随机性成分起主导作用;当水文序列的变化规律在一定时期内发生突变或渐变,即从一种稳定状态突变或渐变到另一种稳定状态时,水文序列是非一致的,这种突变或渐变造成水文序列变化规律的差异,即为水文序列的确定性成分;当水文序列经过突变或渐变后达到新的平衡或稳定状态时,其随机性成分又将起主导作用。这样,非一致性水文序列的随机性规律反映一致性变化成分,而确定性规律反映非一致性变化成分,其频率计算问题就可以归结为水文序列的分解与合成,并包括对水文序列的确定性成分进行拟合计算、随机性成分进行频率计算以及合成成分的数值计算、参数和分布的推求等。

众所周知,不同时期观测的水文资料代表着不同时期流域的气候条件、自然地理条件以及人类活动的影响,当它们之间的差异比较显著时,把这些非一致性的水文资料混杂在一起作为一个样本序列进行水文频率计算,就会破坏样本序列的一致性。为此,必须把非一致性水文序列改正到同一个物理基础上,力求使样本序列具有同一个总体分布。从这个意义上来说,目前对非一致性水文序列的"还原"或"还现"改正计算,均符合水文频率计算关于同分布的假定,它们本身都是合理的。问题是"还原"或"还现"计算方法均只能反映过去或现状水文序列的形成条件,而无法适应过去、现状和未来不同时期环境的变化。而本研究介绍的基于时间序列分解与合成理论的非一致性水文频率计算方法,将非一致性水文序列分解成一致的随机性成分和非一致的确定性成分,用一致的随机性成分满足现行水文频率计算关于同分布的假定,用非一致的确定性成分适应过去、现状和未来环境的变化,可以说,该方法是一种适应变化环境的水文频率计算方法。

3.2 非一致性水文频率计算的一般方法

水文序列一般是由两种或两种以上成分合成的序列。假定水文序列 X_t 的各个成分满足线性叠加特性(即加法模型),X_t 的计算公式为

$$X_t = Y_t + P_t + S_t \tag{3-1}$$

式中　Y_t——确定性的非周期成分（包括趋势 C_t、跳跃 B_t 等暂态成分以及近似周期成分等）；

　　　P_t——确定性的周期成分（包括简单的或复合周期的成分等）；

　　　S_t——随机成分（包括平稳的或非平稳的随机成分）。

水文序列分析的目的就是要推断序列中存在的各种成分的性质，并从实际序列中分离各个组成分量。本章仅针对确定性非周期成分中的趋势或跳跃成分以及随机性成分中的平稳独立成分（即纯随机成分）作一些具体的分析；至于水文序列中的其他成分可以通过一定的选样方法加以排除或减小它们对整个水文序列的影响，如年最大值选样法基本上可以消除水文序列年内的周期性影响。

非一致性水文序列的频率计算问题可以归结为水文时间序列的分解与合成，并包括对水文序列的确定性成分进行拟合计算和模型预测；对水文序列的随机性成分进行统计规律的推求；以及合成成分的数值计算、参数和分布的推求等，其计算流程如图 1 3 所示。

3.2.1　非一致性水文序列的分解计算

确定性成分中的非周期成分包含趋势与跳跃成分，两者也成为暂态成分，常常被叠加在其他成分之上。水文频率计算要求水文序列具有一致性条件，如果序列中包含有趋势与跳跃成分就破坏了这个条件。因此，需要识别、检验和描述这些暂态成分，并将它们从序列中分离出来。

趋势和跳跃成分的识别与检验方法主要包括：线性趋势的相关系数检验法、非线性趋势的相关系数检验法、累积过程线的斜率判别法、斯波曼（Spearman）秩次相关检验法、坎德尔（Kendall）秩次相关检验法、序列双累积相关图法、里（Lee）和海哈林（Heghinan）法、有序聚类分析法、秩和检验法、游程检验法、多个跳跃点的统计推断法、小波分析法、信息熵分析法、重新标度极差分析（R/S）法、灰关联分析法、T 检验法、F 检验法、差异信息分析法、水文变异综合诊断方法等。本书将采取水文变异诊断系统（见第 2 章）对趋势和跳跃成分进行识别与检验。

趋势和跳跃成分的分离方法主要包括：多项式拟合函数法、降雨—径流相关分析法、统计参数改正法、分布函数改正法、流域水文模型法、神经网络模型法等。

3.2.1.1　确定性成分的拟合计算和预测

假设通过上述趋势与跳跃成分的检验，已确定非一致性水文序列 X_t 的变异点为 t_0，于是 t_0 前后的序列，其物理成因不相同，且 t_0 之前的序列主要反映环境变化不太显著的随机性成分，用数学方程表示为

$$X_t = \begin{cases} S_t & t \leqslant t_0 \\ S_t + Y_t & t > t_0 \end{cases} \qquad (3-2)$$

式中　S_t——一致性的随机性成分；

Y_t——非一致性的确定性成分，当出现跳跃时，Y_t 为一常数；当出现趋势时，Y_t 是时间 t 的函数；当同时出现跳跃和趋势时，Y_t 是时间 t 的分段函数。Y_t 可用最小二乘法对实际水文序列通过数学函数拟合求得。

上述拟合计算针对的是曾经发生的水文序列，当影响水文序列的各种物理条件继续保持不变时，可以用拟合的趋势与跳跃规律去预测未来水文序列中的确定性变化成分。但是，当未来影响水文序列的某些物理条件（如林地、草地、耕地和水域等土地利用结构）发生显著变化时，必须通过相应的流域水文模型（如考虑土地利用及覆被变化的流域水文模型）来预测水文序列中的确定性变化成分。

3.2.1.2 随机性成分统计规律的推求

当水文序列 X_t 扣除趋势与跳跃成分 Y_t 后，剩余的成分 S_t 可看作是纯随机成分。对于水文序列 X_t 中的随机性成分 S_t，可以采用现行的水文频率计算方法（如目估适线法、优化适线法、有约束加权适线法等），求得其 P-Ⅲ型频率曲线的统计参数：均值 $\overline{x}$、变差系数 C_v 和偏态系数 C_s，这样就得到了非一致性水文序列中的随机性规律。

3.2.2 非一致性水文序列的合成计算

非一致性水文序列的分解只是形式，主要用于各种成分规律的推求；而合成才是目的，主要用于预测或评估"时间域"中确定性成分 Y_t 与"频率域"中随机性成分 S_p 合成后的时间序列 $X_{t,p} = Y_t + S_p$。根据研究问题的需要，对于非一致性水文序列，可以进行数值合成、参数合成以及分布合成。

3.2.2.1 数值合成

对于规划设计问题，可由设计标准 P 推求满足设计标准的设计值 S_p，加上工程运行时间 t 时的确定性成分 Y_t，即可求得工程运行时间 t 时，满足设计标准 P 的水文设计值 $X_{t,p}$，即

$$X_{t,p} = Y_t + S_p \qquad (3-3)$$

对于评估决策问题，先由实际水文变量发生值 $X_{t,p}$ 减去该时刻的确定性成分 Y_t，得到水文变量 $X_{t,p}$ 中的随机性成分 S_p，即

$$S_p = X_{t,p} - Y_t \qquad (3-4)$$

再由 S_p 查其水文频率曲线，即可推求 t 时刻出现大于或等于 S_p 值的概率 P。

综上所述，水文时间序列 $X_{t,p}$ 可以看成是"时间域"中确定性成分 Y_t 与"频率域"中随机性成分 S_p 的合成。因此，无论是解决规划设计问题，还是解决评估决策问题，均应该同时建立在"时间域"和"频率域"的基础上，只有这样才能适应环境

变化的需求。

3.2.2.2 参数合成

非一致性水文序列 X 由确定性成分 Y 和纯随机性成分 S 线性叠加组成，对于某个固定的时间 t，确定性成分 Y 是一个常数，因此非一致性水文序列 X 可以看成是随机变量 S 的函数，即 $X=Y+S$。这样，非一致性水文序列的参数合成计算问题就可以归结为推求随机变量函数的参数问题。目前，计算随机变量函数的参数（如均值、标准差等）的方法一般包括 Taylor 级数法、Taguchi 及其修正法、直接积分法、Rosenbluthe 及其改进法、Monte Carlo 随机生成法，其中 Monte Carlo 随机生成法由于其适应性强、计算方法简单，而广泛用于求解这类问题。

3.2.2.3 分布合成

至于非一致性水文序列的合成分布问题，也可以归结为推求随机变量函数的分布问题。本研究采用一种集数值合成、参数合成于一体的分布合成方法：首先根据非一致性水文序列的确定性规律和随机性规律，利用 Monte Carlo 法随机生成某个时间（刻）的样本序列；然后采用现行的水文频率计算方法（如目估适线法、优化适线法、有约束加权适线法等），求得该样本序列满足 P-Ⅲ型频率分布的统计参数：均值 $\bar{x}$、变差系数 C_v 和偏态系数 C_s，从而得到非一致性水文序列的合成分布规律；最后根据合成分布规律，就可以解决两类水文频率计算问题。

用 Monte Carlo 法随机生成某个时间（刻）的合成样本序列可以分为 3 个步骤：①根据确定性规律预测某个具体时刻的确定性成分；②利用 Monte Carlo 法生成满足随机性规律（P-Ⅲ型分布）的纯随机序列；③将确定性成分与随机性成分进行数值合成，得到合成后的样本序列，据此可以推求合成分布及其参数。

3.3 基于逐步回归分析的非一致性水文频率计算方法

基于非一致性频率计算方法的原理和一般方法发展起来的具体方法非常多，例如基于跳跃分析、趋势分析、降雨—径流关系、希尔伯特—黄变换、小波分析、WHM-LUCC 水文模型等方法非一致性水文频率计算方法。本书根据非一致性水文频率计算方法的原理，提出了一种基于逐步回归分析方法的非一致性水文频率计算方法，以通江湖泊水位及其影响因素为例，其主要分析过程如下：

首先，利用水文变异诊断系统，分析湖泊水位（因变量 Y）及其影响因素（自变量 X_i）的时间序列的变异情况，并对所有的变异点进行识别。在变异点中选取时间最早的变异点作为时间节点，在此之前的所有序列，均为满足一致性要求的随机序列；利用逐步回归分析方法构架湖泊水位及其影响因素的逐步回归模型，并对模型的有效性进行检验。通过各影响因素的变异时间，按照跳跃变异的方法推求随机序列，并将其带入逐步回归模型。当湖泊水位的变异年份并非最早时，按最早的变异年份（此后已经存在确定性成分，只是还没有在统计尺度表现出来）进行计算湖泊水位的随机性成分序列。根据非一致性水文频率的分解合成原理，湖泊水位的确定性成分，即实测序列扣除最早变异点之后的随机性成分序列；湖泊水位的随机性成分，即最早变异点及之前的实测序列，与最早变异点之后计算得出的随机性成分合并后的序列。基于逐步回归分析的随机性与确定性成分提取流程图如图 3-1 所示。

最后，利用 P-Ⅲ 型曲线对随机性成分进行频率计算，得到随机性成分在频率域上的随机规律；通过对确定性成分的预测值和随机性成分的合成计算，进而采用传

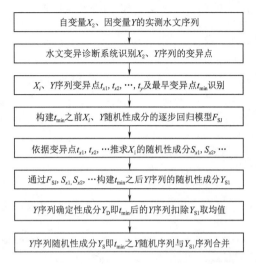

图 3-1　基于逐步回归分析的随机性与确定性成分提取流程图

统的频率计算方法推求合成序列的频率分布，即可以得到不同时期水文序列的频率分布，为变化环境下的水文频率分析提供依据。

与以往的非一致性水文频率计算方法不同，本研究提出的基于逐步回归分析的非一致性水文频率计算方法，并非仅仅考虑了时间序列自身在时间尺度上统计规律的变化，而是结合了物理成因的因素，在构建了分析序列与影响因素之间关联性的基础上，介于统计方法和水文模型之间的一种方法，具有资料收集便捷、能够反映物理成因变化的特色，具有很好的应用前景。

3.4　本章小结

本章基于非一致性水文频率原理，提出了基于逐步回归分析的非一致性水文频率计算方法，是一种适应变化环境的水文频率计算方法，与目前处理非一致性水文序列频率计算方法相比，该方法结合了物理成因的因素，通过逐步回归分析方法，构建了分析序列与影响因素之间的关联性，具有资料收集便捷、能够反映物理成因变化的特色。

参考文献

［1］　陆中央. 关于年径流量序列的还原计算问题［J］. 水文，2000，20（6）：9-12.

［2］　沈宏. 天然径流还原计算方法初步探讨［J］. 水利规划与设计，2003（3）：15-18.

［3］ 干巧平. 天然年径流量系列一致性修正方法的改进 ［J］. 水利规划与设计，2003（2）：38－40.

［4］ 丁晶，邓育仁. 随机水文学 ［M］. 成都：成都科技大学出版社，1988.

［5］ 郑泽权，谢平，蔡伟. 小波变换在非平稳水文时间序列分析中的初步应用 ［J］. 水电能源科学，2001，19（3）：49－51.

［6］ 肖宜，夏军，申明亮，等. 差异信息理论在水文时间序列变异点诊断中的应用 ［J］. 中国农村水利水电，2001（11）：28－30.

［7］ 王孝礼，胡宝清，夏军. 水文时序趋势与变异点的 R/S 分析法 ［J］. 武汉大学学报（工学版），2002，35（2）：10－12.

［8］ 谢平，陈广才，李德，等. 水文变异综合诊断方法及其应用研究 ［J］. 水电能源科学，2005，23（2）：11－14.

［9］ 曲小红，石生新，荣丰涛. 降雨径流系列的一致性分析 ［J］. 山西水利科技，1999（1）：34－37.

［10］ 薛联青，崔广柏，陈凯麒. 非平稳时间序列的动态水位神经网络预报模型 ［J］. 湖泊科学，2002，14（1）：19－24.

［11］ 张学成，王玲，高贵成，等. 黄河流域降雨径流关系动态分析 ［J］. 水利水电技术，2001，32（8）：1－5.

［12］ 谢平，朱勇，陈广才，等. 考虑土地利用/覆被变化的集总式流域水文模型及应用研究 ［J］. 山地学报，2007，25（3）：257－264.

［13］ 谢平，郑泽权. 水文频率计算有约束加权适线法 ［J］. 武汉水利电力大学学报，2000，33（1）：49－52.

［14］ 周志革. 一种计算随机变量函数均值和标准差的方法 ［J］. 机械强度，2001，23（1）：107－110.

［15］ 崔维成，徐向东，邱强. 一种快速计算随机变量函数均值与标准差的新方法 ［J］. 船舶力学，1998（6）：50－60.

［16］ 谢平，陈广才，雷红富. 变化环境下基于跳跃分析的水资源评价方法 ［J］. 干旱区地理，2008，31（4）：588－593.

［17］ 谢平，陈广才，雷红富. 变化环境下基于趋势分析的水资源评价方法 ［J］. 水力发电学报，2009，28（2）：14－19.

［18］ 谢平，陈广才，陈丽. 变化环境下基于降雨径流关系的水资源评价方法 ［J］. 资源科学，2009，31（1）：69－74.

［19］ 谢平，许斌，陈广才，等. 变化环境下基于希尔伯特—黄变换的水资源评价方法 ［J］. 水力发电学报，2013，32（3）：27－33.

［20］ 谢平，李析男，刘宇，等. 基于小波分析的非一致性洪水频率计算方法——以西江梧州站为例 ［J］. 水力发电学报，2014，33（1）：15－22.

［21］ 谢平，李析男，陈丽，等. 基于 WHMLUCC 水文模型的非一致性干旱频率计算方法（I）：原理与方法 ［J］. 华北水利水电大学学报（自然科学版），2016，37（1）：1－5.

第 4 章

鄱阳湖水文变异特征识别

鄱阳湖位于长江中下游地区，至今仍保持着与长江的自然连通状态。鄱阳湖与长江的水资源关系，影响着鄱阳湖区干旱风险管理、洪水灾害防治、水生态环境保护、水资源利用等诸多方面。近年来，由于气候变化和人类活动的影响，鄱阳湖的水资源时空分布规律发生了变化，导致鄱阳湖水位异常偏低、洲滩湿地生态退化、鄱阳湖蓄水量大幅减少等一系列水文变异问题日益增多，加剧了湖区的湿地萎缩，降低了鄱阳湖的水生态功能，对鄱阳湖生态环境保护影响较大，鄱阳湖湿地生态系统正常功能受到影响。由于气候变化和人类活动的影响，鄱阳湖水位序列已经难以满足一致性要求。

4.1 鄱阳湖区概况

4.1.1 自然地理

鄱阳湖位于江西省北部、长江中游南岸，是我国目前最大的淡水湖泊。它承纳赣江、抚河、信江、饶河、修河等五大江河及博阳河、漳田河、潼津河等小支流的来水，经调蓄后由湖口注入长江，是一个过水型、吞吐型、季节性的湖泊。鄱阳湖水系呈辐射状，流域面积 16.22 万 km²，涉及赣、湘、闽、浙、皖等 5 省，其中：江西省境内面积 15.67 万 km²，占全流域面积的 96.6%。

鄱阳湖略似葫芦形，以松门山为界，分为南北两部分。南部宽广、较浅，为主湖区；北部狭长、较深，为长江水道区。全湖最大长度（南北向）173km，东西平均宽度 16.9km，最宽处约 74km，入江水道最窄处的屏峰卡口宽约 2.8km，湖岸线总长 1200km。湖盆自东向西、由南向北倾斜，高程一般由 12m 降至湖口约 1m。鄱阳湖湖底平坦，最低处在蛤蟆石附近，高程为 −10m 以下；滩地多在 12～18m 之间。

鄱阳湖地貌由水道、洲滩、岛屿、内湖、汊港组成。鄱阳湖水道分为东水道、西水道和入江水道。赣江在南昌市以下分为 4 支，主支在吴城与修河汇合，为西水道，向北至蚌湖，有博阳河注入；赣江南、中、北支与抚河、信江、饶河先后汇入主湖区，为东水道；东、西水道在渚溪口汇合为入江水道，至湖口注入长江。洲滩有沙滩、泥滩、草滩等 3 种类型，共 3130km²。其中沙滩数量较少，高程较低，分布在主航道两侧；泥滩多于沙滩，高程在沙滩和草滩之间；草滩为长草的泥滩，高程多在 14～17m，主要分布在东、南、西部各河入湖的三角洲。全湖有岛屿 41 个，面积约 103km²，岛屿率 3.5%，其中莲湖山面积最大达 41.6km²，而最小的印山、落星墩的面积不足 0.01km²。湖区主要汊港约有 20 处。

鄱阳湖具有"高水是湖，低水是河"的特点。进入汛期，五河洪水入湖，湖水漫滩，湖面扩大，碧波荡漾，茫茫无际；冬春枯水季节，洪水落槽，湖滩显露，湖面缩小，蜿蜒一线，比降增大，流速加快，与河道无异。洪、枯水期的湖泊面积、容积相差极大。湖口站历年实测最高水位 22.59m（1998 年 7 月 31 日），相应通江水体（湖泊区＋青岚湖＋五河尾闾河道）面积 3708km²，相应容积 303.63 亿 m³；历年实测最低水位 5.90m（1963 年 2 月 6 日），相应通江水体面积 28.7km²，湖体容积 0.63 亿 m³。

4.1.2 水文气象

1. 气象

鄱阳湖地处东亚季风区，气候温和，雨量丰沛，属于亚热带温暖湿润气候。湖区主要站点年平均降水量为 1387～1795mm，降水量年际变化大，最大 2452.8mm（1954 年），最小 1082.6mm（1978 年）；年内分配不均，最大 4 个月（3—6 月）占全年降水量的 57.2%，最大 6 个月（3—8 月）占全年降水量的 74.4%，冬季降水量全年最少。年平均蒸发量 800～1200mm，约有一半集中在温度最高且降水较少的 7—9 月。

湖区多年平均气温 16～20℃。无霜期 240～300 天。湖区风向的年内变化，随季节而异，6—8 月多南风或偏南风，冬季和春秋季（9 月至次年 5 月）多北风或偏北风，多年平均风速 3m/s，历年最大风速达 34m/s，相应风向 NNE。

2. 径流

鄱阳湖水系径流主要由降水补给，径流的地区分布基本上与降水一致。入湖多年平均流量 4690m³/s，径流量 1480 亿 m³，径流深 912.3mm，信江和乐安江径流深在 1100mm 以上，修水虬津以上和赣江径流深不足 900mm。鄱阳湖水系主要控制站及区间多年平均径流量和汛期 3—8 月径流量见表 4-1。

鄱阳湖水系径流年内分配规律同降水相似，连续最大 4 个月径流占全年径流百分比，大部分地区在 60% 以上，最大的渡峰坑站达 71.3%，最小的虬津站为 54.7%，其他的均在 60%～70%。主要控制站径流年内分配统计见表 4-2。

表 4-1   鄱阳湖水系主要控制站及区间多年平均径流量和汛期 3—8 月径流量表

河名	站名	集水面积 /km²	年径流量 /亿 m³	年平均流量 /(m³/s)	年径流深 /mm	3—8 月径流量 /亿 m³
赣江	外洲	80948	678.9	2151	838.6	510.3
抚河	李家渡	15811	154.8	491	979.2	117.8
信江	梅港	15535	177.5	563	1142.8	141.5
乐安江	虎山	6374	70.8	224	1111.4	59.1
昌江	渡峰坑	5013	46.2	146	920.6	39.7
修水	虬津	9914	88.4	280	891.3	62.3
潦河	万家埠	3548	35.2	112	992.5	27.1
湖区区间		25082	231.3	733	922.3	180.5
鄱阳湖	湖口站	162225	1480.0	4690	912.3	1035.2

表 4-2   鄱阳湖水系主要控制站径流年内分配统计表

站名	年径流月分配/%											
	1 月	2 月	3 月	4 月	5 月	6 月	7 月	8 月	9 月	10 月	11 月	12 月
外洲	3.3	4.4	8.6	13.6	16.9	18.6	10.4	7.0	5.9	4.3	3.7	3.1
李家渡	3.6	5.1	9.3	14.0	16.9	19.8	10.4	5.7	4.5	3.8	3.7	3.2
梅港	3.2	5.1	9.8	14.6	17.6	22.1	10.6	5.0	3.9	2.8	2.8	2.5
虎山	2.9	4.7	9.3	15.1	18.7	21.6	13.1	5.0	2.9	2.2	2.0	2.0
渡峰坑	2.3	3.9	8.4	14.3	18.3	22.5	16.3	6.2	2.6	2.0	1.7	1.5
虬津	4.9	5.1	8.9	11.5	16.0	15.0	11.9	5.8	4.3	4.7	4.5	4.5
万家埠	3.2	4.2	7.4	11.9	16.3	19.5	13.5	8.3	5.6	3.8	3.6	2.8
湖区区间	3.4	4.5	8.1	12.9	17.3	20.6	12.0	7.1	4.4	3.1	3.5	2.9
湖口站	3.3	4.2	8.0	12.1	14.7	15.6	10.8	8.7	6.8	7.1	5.3	3.4

鄱阳湖水系径流量年际变化较大，最大年径流与最小年径流比值在 4.07~5.76 之间。整个水系中，年径流量以赣江所占比重最大，占鄱阳湖水系年径流量的 45.8%，其次为湖区区间占 15.6%，鄱阳湖水系多年平均年径流量地区组成见表 4-3。

3. 泥沙

鄱阳湖水系泥沙主要来自五河。湖区泥沙绝大部分来源于赣江，其他诸河占比较小。各主要测站的多年平

表 4-3   鄱阳湖水系多年平均年径流量地区组成表

河（湖）区区间	站名	集水面积 /km²	占湖口比例 /%
赣江	外洲	80948	45.8
抚河	李家渡	15811	10.4
信江	梅港	15535	12.0
乐安江	虎山	6374	4.8
昌江	渡峰坑	5013	3.1
修水	虬津	9914	6.0
潦河	万家埠	3548	2.4
鄱阳湖	湖口站	25082	15.6
合计		162225	100

均输沙量：外洲为 895 万 t、李家渡为 142 万 t、梅港为 209 万 t、虎山为 56 万 t、万家埠为 37 万 t。各站输沙量特征统计见表 4-4。

表 4-4　　　　　　　　　　输沙量特征值统计表

水系	站名	多年平均输沙量/万 t	历年最大		历年最小		统计年份
			输沙量/亿 t	年份	输沙量/亿 t	年份	
鄱阳湖	湖口	994	0.2164	1969	—0.0372	1964	1955—2007
赣江	外洲	895	0.186	1961	0.0222	1963	1956—2007
抚河	李家渡	142	0.035	1998	0.0026	1963	1956—2007
信河	梅港	209	0.05	1973	0.0067	2001	1955—2007
饶河	虎山	56	0.018	1995	0.0015	1963	1956—2007
潦河	万家埠	37	0.011	1973	0.0011	2001	1957—2007

五河中赣江含沙量最大，多年平均含沙量为 $0.133 kg/m^3$，饶河最小，多年平均含沙量为 $0.0811 kg/m^3$。各站悬移质含沙量特征值统计见表 4-5。

表 4-5　　　　　　　　　　悬移质含沙量特征值统计表

水系	站名	多年平均含沙量/(kg/m³)	历年最大		历年最小		统计年份
			含沙量/(kg/m³)	年份	含沙量/(kg/m³)	年份	
鄱阳湖	湖口	0.068	2.74	1982	0	1956	1955—2007
赣江	外洲	0.133	0.758	1989	0	2003	1956—2007
抚河	李家渡	0.144	0.788	1998	0.066	1966	1956—2007
信河	梅港	0.119	1.19	1971	0	2006	1955—2007
饶河	虎山	0.0811	1.45	1979	0	2005	1956—2007
潦河	万家埠	0.108	0.54	1990	0	1994	1957—2007

鄱阳湖湖口站多年平均输沙量为约 994 万 t，其中月均输沙量 3 月最高，占全年输沙量约 25.6%；7—9 月有些年份因江水倒灌入湖，湖口站出现负输沙量，7 月输沙量负值最大；多年平均 7—9 月 3 个月倒灌沙量为全年的 -6.5%，多年平均 2—4 月 3 个月输沙量最大，为全年的 62%。输沙量年内分配统计见表 4-6。

表 4-6　　　　　　　　　　各站输沙量年内分配统计表

站名	参数	1 月	2 月	3 月	4 月	5 月	6 月	7 月	8 月	9 月	10 月	11 月	12 月	全年
湖口	平均/万 t	70.3	133.9	254.3	228.5	113.3	82.1	—27.6	—12.8	—24.3	37.2	68.4	68.3	994.2
	权重/%	7.34	13.47	25.58	22.98	11.39	8.26	—2.77	—1.29	—2.45	3.74	6.88	687	100
外洲	平均/万 t	8.8	21.7	77.8	162.4	198.6	228.6	79.5	45.2	37.6	18.3	10.6	6.3	895.3
	权重/%	0.98	2.42	8.69	18.14	22.18	25.53	8.88	5.05	4.20	2.04	1.19	0.70	100

站名	参数	1月	2月	3月	4月	5月	6月	7月	8月	9月	10月	11月	12月	全年
李家渡	平均/万 t	1.48	4.50	12.12	24.83	29.92	42.21	15.83	3.67	2.97	1.59	1.52	1.03	141.7
	权重/%	1.04	3.17	8.55	17.53	21.12	29.80	11.17	2.59	2.10	1.12	1.07	0.73	100
梅港	平均/万 t	1.84	6.74	18.01	35.56	41.34	68.43	22.83	5.89	3.50	1.41	1.93	1.32	208.8
	权重/%	0.88	3.23	8.62	17.03	19.80	32.77	10.93	2.82	1.68	0.67	0.92	0.63	100
虎山	平均/万 t	0.38	1.33	3.82	8.37	9.51	19.45	10.40	1.16	0.35	0.36	0.29	0.25	55.67
	权重/%	0.68	2.39	6.87	15.04	17.08	34.95	18.67	2.09	0.63	0.64	0.62	0.44	100
万家埠	平均/万 t	0.31	0.97	2.35	5.15	6.82	10.04	5.59	2.87	1.33	0.48	0.52	0.20	36.65
	权重/%	0.86	2.66	6.41	14.06	18.60	27.41	15.26	7.84	3.64	1.30	1.42	0.55	100

4.1.3 河流水系

江西省境内赣江、抚河、信江、饶河、修河五大江河均汇入鄱阳湖，湖水经湖口注入长江，形成较为完整的鄱阳湖水系。湖口为长江中、下游分界点，湖口站控制流域面积为 16.22 万 km²，其中：江西境外面积 0.51 万 km²，境内面积 15.71 万 km²。

（1）赣江为江西省第一大河流，干流发源于闽赣交界的石城县石寮谏，至永修县吴城入湖，全长 766km；下游外洲站以上流域面积 80948km²，占全省面积近 50%。赣江在赣州以上为上游，由章水、贡水于赣州汇合而成，集水面积 34753km²；赣州以下至新干县为赣江中游，河长 303km。赣江上中游支流众多，主要有遂川江（流域面积 2895km²）、蜀水（流域面积 1306km²）、孤江（流域面积 3084km²）、禾水（流域面积 9075km²）、乌江（流域面积 3911km²）等较大支流。赣江在新干以下为下游，河长 208km，主要支流有袁水（流域面积 6486km²）、锦江（流域面积 7884km²）。南昌市八一大桥以下，赣江分西支、中支、北支、南支四支入湖，西支为主支，出口在永修县吴城，为赣江入湖主航道赣江流域内有大型水库 15 座，沿河有赣州、万安、泰和、吉安、吉水、峡江、新干、樟树、丰城、南昌等市（县）。

（2）抚河位于江西省省境东部，干流长 349km，发源于广昌、宁都、石城三县之交的灵华峰，流经 15 个县（市），于进贤三阳入鄱阳湖，流域面积 15856km²，抚河控制站李家渡以上流域面积为 15811km²。抚河在南城以上为上游，在南城渡口纳黎川水（流域面积 2478km²）；南城至临川市为中游，抚河临川市以上河段又称盱江；临川市以下河段为下游。在临川市下游 7km 有支流临水汇入，临水为抚河最大支流，由崇仁水和宜黄水汇合而成，其流域面积约 5120km²。抚河流域内有大型水库 1 座，沿河有南丰、南城、临川、进贤等市（县）。

（3）信江位于省境东北部，发源于浙赣边界仙霞岭西侧，流域面积 16784km²，主河长 312km，上饶、鹰潭市分别为上、中游和中、下游分界，信江控制站梅港以上流域面积 15535km²。信江主要支流有丰溪水（流域面积 2233km²）、白塔河（流域面积 2838km²），流域内有大型水库 2 座，沿河有上饶、弋阳、贵溪、鹰潭、余干等市（县）。

（4）饶河由乐安河与昌江于波阳县姚公渡汇合而成，流域涉及赣东北及安徽、浙江省小部分，流域面积 15428km²。乐安河全长 313km，发源于婺源五龙山西侧半岭村，姚公渡以上乐安河流域面积 8773km²，其中 287km² 分属安徽省、浙江省。昌江全长 250km，发源于安徽省祁门县大红岭，姚公渡以上昌江流域面积 6220km²，其中 1894km² 属安徽省。两河汇合后称饶河，绕波阳县城南面西流，于尧山分两支，北支出太子湖，西支出龙口入鄱阳湖。饶河流域内有大型水库 2 座，沿河有景德镇、乐平、德兴等市（县）。

（5）修河位于赣西北，干流发源于幕府山脉黄龙山寨下洞，流域面积 14700km²，河长 389km，主要支流有东津水、潦河等。修河在修水县城以上为上游，柘林以下进入下游区，永修县城以下为滨湖圩区，水流缓慢，汛期受鄱阳湖顶托，洪涝为患。流域内有大中型水库 3 座，干流中下游的柘林水库为江西省最大水库，控制集水面积 9340km²，沿河有永修、武宁、修水、靖安、安义等市（县）。

4.1.4 水利工程

1. 灌溉水源工程

鄱阳湖区共建成各类蓄、引、提水工程 5.34 万座（处），其中：水库工程 4.45 万座，兴利库容 56.9 亿 m³；引水工程 1123 处，现状供水能力 13.1 亿 m³；提水工程 7261 处，电力提灌装机容量 180.48MW，机械提灌动力 96.11MW，现状供水能力 40.6 亿 m³。由于受湖区地形的影响，鄱阳湖区供水、灌溉主要以提水工程和蓄水工程为主，供水水源类型均为地表水。

截至 2007 年底，鄱阳湖区建成 30 万亩以上的灌区 4 座，分别为赣抚平原灌区、丰东灌区、柘林灌区、鄱湖灌区，设计灌溉面积 188.19 万亩，有效灌溉面积 144.32 万亩；5 万～30 万亩的中型灌区 26 座，设计灌溉面积 231.7 万亩，有效灌溉面积 180.45 万亩；1 万～5 万亩的灌区 58 座，设计灌溉面积 102.54 万亩，有效灌溉面积 78.03 万亩；万亩以下灌区 6665 座，设计灌溉面积 377.59 万亩，有效灌溉面积 293.71 万亩。湖区灌区总设计灌溉面积为 900 万亩，总有效灌溉面积为 696.5 亩。

2. 主要水利枢纽

鄱阳湖流域建有万安、柘林和廖坊大型水利枢纽及一大批中小型水利枢纽，这些水利工程提高了湖区及流域内水资源的利用效率。

（1）万安水利枢纽。万安水利枢纽位于赣江中游万安县以上 2km 处，集水面积 36900km²，多年平均流量 953m³/s。枢纽以发电为主，兼有防洪、航运、灌溉、养殖等综合效益。枢纽已于 1993 年按设计最终规模完建，其最终规模的水库特征水位为：死水位 90.00m，正常蓄水位 100.00m，汛期限制水位 90.00m，防洪高水位 100.00m，设计洪水位 100.00m（$P=0.1\%$），校核洪水位 100.70m（$P=0.1\%$）。水库总库容 22.14 亿 m³，防洪兴利库容 10.19 亿 m³，为不完全年调节水库。电站规模：水轮发电机组 5 台，单机过流能力 556m³/s，装机容量 500MW，多年平均发电量 15.16 亿 kW·h，保证出力 60.4MW，设计水头 22.00m。

（2）柘林水利枢纽。柘林水利枢纽位于修河中游末端永修县柘林乡。修河自西向东流经修水、武宁、永修等县于吴城注入鄱阳湖，干流总长 304km，全流域面积 14700km²，其中柘林水利枢纽控制流域面积 9340km²，占全流域面积的 63.5%。枢纽是一座以发电为主，兼有防洪、灌溉、航运、养殖等综合效益的大型水利水电工程。

柘林水利枢纽多年平均流量 255m³/s，千年一遇设计洪峰流量 18250m³/s，相应洪量 41.5 亿 m³。柘林水库正常蓄水位 65.00m，汛限水位 64.00m，死水位 50.00m，设计洪水位 70.13m，校核洪水位 73.01m。水库总库容 79.2 亿 m³，兴利库容 34.47 亿 m³，为多年调节水库。

柘林水电站原装机容量 180MW，扩建 2 台 120MW 发电机组，电站总装机容量 420MW，多年平均年发电量 6.9 亿 kW·h，保证出力 52.5MW，年利用小时数 1643h。

在 50 年一遇洪水标准，柘林水库对下游进行补偿调节，为下游承担防洪任务，下游河道控制站的安全泄量为 6500m³/s，保护农田 22 万亩和京九铁路、昌九高速公路，以及下游县城。

（3）廖坊水利枢纽。廖坊水利枢纽位于抚河干流中游峡谷河段，地处抚州市临川区鹏田乡廖坊村，是抚河治理开发的关键工程，坝址控制流域面积 7060km²，多年平均流量 233m³/s，多年平均径流总量 73.5 亿 m³，水库防洪库容 3.1 亿 m³，总库容 4.32 亿 m³，为季调节的大（2）型水库。水利枢纽按照 100 年一遇洪水设计，1000 年一遇洪水校核，设计洪水位 67.94m，校核洪水位 68.44m，正常高水位 65.00m。电站装机容量 49.5MW，多年平均发电量 1.55 亿 kW·h。

4.1.5　社会经济概况

鄱阳湖流域位于长江中下游交界处南岸，跨江西、安徽、浙江、福建和湖南等 5 个省，总面积 16.22 万 km²，占长江流域面积 9%，其中江西境内 15.67 万

km^2，占鄱阳湖流域面积的 96.6％。鄱阳湖区是长江中下游五大平原区之一，湖区土地肥沃，物产丰富，经济社会繁荣。湖区农业生产水平较高，发展潜力大，历来是江西省主要粮、油、棉、鱼生产基地，也是全国重要的粮食生产基地；湖区水陆运输网络四通八达，水路以鄱阳湖为中心，可达江西省各重要城市及长江各口岸。浙赣铁路横贯湖区南部，皖赣铁路穿越东部，京九铁路由湖区西部贯穿江西南北。

4.2 水文要素时空变异特征

为了认识鄱阳湖流域水文循环演变特征，本研究采用水文变异诊断系统对鄱阳湖流域降水、蒸发、入湖径流、湖区水位、江湖水量交换、长江干流来水条件等进行系统分析，揭示鄱阳湖流域水循环要素时空变异规律。

4.2.1 数据资料

1. 气象数据

气象日数据（降水）源于中国气象数据网（http：//data.cma.cn/），数据时间系列为 1960—2018 年，整编得到鄱阳湖流域赣州、遂川、井冈山、广昌、吉安、南城、宜春等 14 站的月降水量、年降水量，采用泰森多边形法统计鄱阳湖流域面雨量（月和年尺度），气象站基本情况见表 4-7。利用逐日气温、风速、日照、相对湿度，结合国际粮农组织（FAO）推荐的 Penman-Monteith 方法［式（4-1）］计算 14 站的潜在蒸散发数据，整编得到 14 站的月潜在蒸散发量、年潜在蒸发量，采用泰森多边形法统计鄱阳湖流域潜在蒸发量（年和月尺度），即

$$ET_0 = \frac{0.408\Delta(R_n-G)+\gamma\dfrac{900}{T+273}u_2(e_s-e_a)}{\Delta+\gamma(1+0.34\mu_2)} \qquad (4-1)$$

式中 ET_0——参照腾发量，mm；

R_n——地表净辐射，MJ/(m^2·d)；

G——土壤热通量，MJ/(m^2·d)；

T——日平均气温，℃；

u_2——2m 高处风速，m/s；

e_s——饱和水汽压，kPa；

e_a——实际水汽压，kPa；

Δ——饱和水汽压曲线斜率，kPa/℃；

γ——干湿表常数，kPa/℃。

表 4 - 7 鄱阳湖流域气象站数据基本情况表

序号	站名	时间段	序号	站名	时间段
1	赣州	1960—2018 年	8	樟树	1960—2018 年
2	遂川	1960—2018 年	9	贵溪	1960—2018 年
3	井冈山	1960—2018 年	10	南昌	1960—2018 年
4	广昌	1960—2018 年	11	玉山	1960—2018 年
5	吉安	1960—2018 年	12	波阳	1960—2018 年
6	南城	1960—2018 年	13	修水	1960—2018 年
7	宜春	1960—2018 年	14	景德镇	1960—2018 年

2. 水文数据

水文日数据（径流量、水位）时间序列为 1960 年至 21 世纪初，整编得到鄱阳湖流域五河七口控制站外洲、梅港、李家渡、虎山、石镇街、渡峰坑、万家埠、虬津月平均流量、年平均流量，整编得到鄱阳湖出口控制站湖口控制站月平均流量、年平均流量数据，湖区控制站星子月平均水位和年平均水位数据。鄱阳湖流域水文站数据基本情况见表 4 - 8。

表 4 - 8 鄱阳湖流域水文站数据基本情况表

河（湖）	站名	测站属性	集水面积/km²	时间段
赣江	外洲	水文站	80948	1960—2013 年
信江	梅港	水文站	15811	1960—2013 年
抚河	李家渡	水文站	15535	1960—2013 年
饶河	虎山	水文站	6374	1960—2013 年
	石镇街	水文站	8367	1960—2013 年
	渡峰坑	水文站	5013	1960—2013 年
修水	万家埠	水文站	3548	1960—2013 年
	虬津	水文站	9914	1960—2013 年
鄱阳湖区	湖口	水文站	16220	1950—2016 年
	星子	水位站		1956—2016 年

考虑到鄱阳湖是吞吐型湖泊，长江干流上游来水情况和下游顶托情况均会对鄱阳湖产生影响，收集整理了长江干流宜昌、汉口、九江、大通 1960—2018 年（其中九江站根据汉口站数据插补延长）的逐月平均、年平均流量（水位数据）。长江干流水文站数据基本情况见表 4 - 9。

3. 数据采纳情况说明

从降水、径流等收集到的数据可以看出，由于不同数据在不同部门进行整编，收

表 4－9 长江干流水文站数据基本情况表

序号	站名	测站属性	时间段	序号	站名	测站属性	时间段
1	宜昌	水文站	1960—2018 年	3	九江	水文站	1960—2018 年
2	汉口	水文站	1960—2018 年	4	大通	水文站	1960—2018 年

集过程中出现了数据终止年份不一致的情况。考虑到终止年份不同可能会对后续变异诊断结果、确定性成分提取过程造成较大的影响。为了最大限度地减少对非一致性分析过程的影响，研究中采用的降水、径流序列终止年份，统一选为 2013 年。

4.2.2 时空变异特征分析

1. 流域降水变异分析

取第一显著性水平 $\alpha=0.05$，第二显著性水平 $\beta=0.01$，对鄱阳湖流域 14 个气象站月降水量和年降水量数据序列进行变异诊断分析，结果见表 4－10。

鄱阳湖不同气象站的降水序列在不同的统计尺度下发生了不同程度的变异，对于全流域而言，鄱阳湖年降水量未发生显著变异，但降水量年内分配发生了显著变化，1 月降水量在 1988 年附近发生显著向上跳跃变异，3 月降水量在 1977 年发生显著向上跳跃变异，降水量均增加；全流域其他月份降水量未出现明显变异。

2. 流域蒸发变异分析

取第一显著性水平 $\alpha=0.05$，第二显著性水平 $\beta=0.01$，对鄱阳湖流域 14 个气象站月潜在蒸发量和年潜在蒸发量数据序列进行变异诊断分析，结果见表 4－11。

鄱阳湖全流域年潜在蒸发量未发生显著变化，1 月潜在蒸发量序列在 1972 年发生显著向下跳跃变异，3 月和 4 月潜在蒸发量序列在 2000 年、2001 年发生显著向上跳跃变异，蒸发量呈现加大趋势；7 月、8 月和 9 月潜在蒸发量序列分别在 1971 年、1978 年和 1969 年发生显著向下跳跃变异，蒸发量呈现减少趋势。

3. 流域入流变异分析

取第一显著性水平 $\alpha=0.05$，第二显著性水平 $\beta=0.01$，对鄱阳湖流域五河控制站外洲、李家渡、梅港、虎山、万家埠以及五河七口合成径流量月序列和年序列进行变异诊断分析，结果见表 4－12。

鄱阳湖全流域入湖年平均流量未发生显著变异，但入湖年径流量年内分配发生了显著变化，8 月在 1992 年发生显著向上跳跃变异，入湖流量增加；10 月入湖径流量在 2002 年发生显著向下跳跃变异，入湖径流量减少。

4. 湖口流量变异分析

取第一显著性水平 $\alpha=0.05$，第二显著性水平 $\beta=0.01$，对鄱阳湖湖口流量的月序列和年序列进行变异诊断分析，结果见表 4－12。

表 4 – 10　　鄱阳湖流域降水量变异分析结果表

站点	1月	2月	3月	4月	5月	6月	7月	8月	9月	10月	11月	12月	年降水
赣州	1988(+)↑	无变异	无变异	1984(+)↓	1964(+)↓	1968(+)↓	1963(+)↓	无变异	无变异	无变异	2011(+)↓	1964(+)↓	1963(+)↓
遂川	1988(+)↑	2008(+)↓	1998(+)↓	无变异	2006(+)↓	无变异	1991(+)↓	1993(+)↓	无变异	2002(+)↓	2004(+)↓	1963(+)↓	无变异
井冈山	1963(+)↑	1979(+)↑	1974(+)↑	无变异	2013(+)↑	无变异	2013(+)↓	1961(+)↓	1962(+)↓	2002(+)↓	1963(+)↓	无变异	无变异
广昌	1988(+)↑	无变异	无变异	无变异	1975(+)↓	无变异	无变异	1994(+)↑	无变异	2002(+)↓	2005(+)↓	2009(+)↓	无变异
吉安	1988(+)↑	无变异	无变异	无变异	1968(+)↓	无变异	无变异	1968(+)↑	无变异	2002(+)↓	2007(+)↓	2009(+)↓	无变异
南城	1987(+)↑	无变异	无变异	无变异	1966(+)↓	1991(+)↑	无变异	1989(+)↑	无变异	无变异	2011(+)↓	2009(+)↓	无变异
宜春	1987(+)↑	无变异	无变异	无变异	1962(+)↓	无变异	无变异	无变异	无变异	2002(+)↓	2011(+)↓	无变异	无变异
樟树	1987(+)↑	无变异	无变异	无变异	1977(+)↓	1991(+)↓	1965(+)↓	无变异	无变异	无变异	2011(+)↓	2009(+)↓	1968(+)↓
贵溪	1987(+)↑	1961(+)↑	2011(+)↑	无变异	1968(+)↓	无变异	无变异	1995(+)↓	1991(+)↓	无变异	1996(+)↓	2009(+)↓	2009(+)↓
南昌	1988(+)↑	无变异	1963(+)↓	无变异	1968(+)↓	无变异	1964(+)↓	无变异	1963(+)↓	1963(+)↓	1996(+)↓	2009(+)↓	1964(+)↓
玉山	1988(+)↑	无变异	无变异	无变异	1977(+)↓	1965(+)↓	无变异	1990(+)↓	1994(+)↓	1987(+)↓	1996(+)↓	2009(+)↓	1964(+)↓
波阳	1988(+)↑	无变异	无变异	无变异	1968(+)↓	无变异	1961(+)↓	无变异	无变异	无变异	1996(+)↓	2009(+)↓	无变异
修水	1988(+)↑	无变异	2011(+)↑	无变异	1975(+)↓	无变异	无变异	1966(+)↓	1966(+)↓	2002(+)↓	1968(+)↓	无变异	1965(+)↓
景德镇	无变异	无变异	无变异	无变异	无变异	无变异	无变异	1967(+)↓	1990(+)↓	无变异	无变异	无变异	无变异
全流域	1988(+)↑	无变异	1977(+)↑	无变异	无变异	无变异	无变异	无变异	无变异	无变异	无变异	无变异	无变异

注　表格中"+"表示跳跃或趋势显著，"↑"表示跳跃上升，"↓"表示跳跃下降，其余诊断表格与此相同。

表 4－11　鄱阳湖流域潜在蒸发量变异分析结果表

站点	1 月	2 月	3 月	4 月	5 月	6 月	7 月	8 月	9 月	10 月	11 月	12 月	年蒸发
赣州	1968（＋）↘	1998（＋）↘	1977（＋）↘	2001（＋）↗	1960（＋）↗	无变异	1965（＋）↘	1966（＋）↘	1969（＋）↘	无变异	无变异	无变异	无变异
遂川	1972（＋）↘	2006（＋）↘	1974（＋）↘	2001（＋）↗	1960（＋）↗	无变异	无变异	1992（＋）↘	1969（＋）↘	2003（＋）↘	1987（＋）↘	1976（＋）↘	2002（＋）↗
井冈山	1967（＋）↘	无变异	2002（＋）↘	2003（＋）↘	1977（＋）↗	1994（＋）↘	1965（＋）↘	1979（＋）↘	1969（＋）↘	1968（＋）↑	无变异	1996（＋）↘	无变异
广昌	1972（＋）↘	无变异	1977（＋）↘	1964（＋）↘	1962（＋）↗	2004（＋）↘	1992（＋）↘	1971（＋）↘	1969（＋）↘	无变异	无变异	无变异	1977（＋）↘
吉安	1972（＋）↘	无变异	1977（＋）↘	1969（＋）↘	1962（＋）↗	2005（＋）↘	1965（＋）↘	1992（＋）↘	1969（＋）↘	无变异	1996（＋）↘	1996（＋）↘	1992（＋）↘
南城	趋势 ↘	1991（＋）↘	2006（＋）↘	2002（＋）↘	1962（＋）↘	无变异	2002（＋）↘	1979（＋）↘	1969（＋）↘	2011（＋）↘	无变异	1975（＋）↘	无变异
宜春	1972（＋）↘	无变异	2000（＋）↘	2001（＋）↘	1960（＋）↘	无变异	1965（＋）↘	1978（＋）↘	1969（＋）↘	无变异	无变异	无变异	无变异
樟树	1968（＋）↘	1963（＋）↘	2000（＋）↘	2001（＋）↘	1960（＋）↘	1991（＋）↘	1965（＋）↘	1979（＋）↘	1969（＋）↘	无变异	无变异	1989（＋）↘	1969（＋）↘
贵溪	1976（＋）↘	无变异	1974（＋）↘	2003（＋）↘	1962（＋）↘	1991（＋）↘	1971（＋）↘	1979（＋）↘	1969（＋）↘	1980（＋）↘	1980（＋）↘	1989（＋）↘	1981（＋）↘
南昌	1976（＋）↘	无变异	2003（＋）↘	2003（＋）↘	1979（＋）↘	无变异	1964（＋）↘	1978（＋）↘	1969（＋）↘	1963（＋）↘	无变异	无变异	无变异
玉山	1968（＋）↘	1990（＋）↘	2007（＋）↘	2003（＋）↘	2006（＋）↘	1961（＋）↘	1964（＋）↘	1979（＋）↘	1969（－）↘	2012（＋）↘	无变异	无变异	2002（＋）↗
波阳	1972（＋）↘	1963（＋）↘	2003（＋）↘	2003（＋）↘	1979（＋）↘	1968（＋）↘	1965（＋）↘	1979（＋）↘	1969（－）↘	1979（＋）↘	无变异	1989（＋）↘	1968（＋）↘
修水	1968（＋）↘	无变异	2000（＋）↘	2003（＋）↘	1996（＋）↘	无变异	1964（＋）↘	1978（＋）↘	1969（－）↘	2002（＋）↘	2002（＋）↑	无变异	2002（＋）↗
景德镇	1963（＋）↘	1963（＋）↘	1977（＋）↘	无变异	1970（＋）↘	1991（＋）↘	2012（＋）↘	1991（＋）↘	1969（－）↘	无变异	无变异	无变异	无变异
全流域	1972（＋）↘	无变异	2000（＋）↘	2003（＋）↑	无变异	无变异	1971（＋）↘	1978（＋）↘	1969（－）↘	无变异	无变异	无变异	无变异

表 4 – 12   鄱阳湖流域入湖径流量变异分析结果表

时间	入 湖 径 流						湖口径流
	外洲	李家渡	梅港	虎山	万家埠	五河七口入流	
1 月	无变异	无变异	1988（＋）↑	无变异	1988（＋）↑	无变异	无变异
2 月	无变异	无变异	无变异	无变异	无变异	无变异	无变异
3 月	1978（＋）↑	无变异	无变异	无变异	无变异	无变异	无变异
4 月	1966（＋）↑	无变异	无变异	2003（＋）↓	无变异	无变异	无变异
5 月	无变异	无变异	无变异	1978（＋）↓	无变异	无变异	无变异
6 月	无变异	无变异	无变异	无变异	无变异	无变异	无变异
7 月	无变异	无变异	无变异	中变异	1965（＋）↑	无变异	无变异
8 月	1992（＋）↑	1992（＋）↑	中变异	无变异	1971（＋）↑	1992（＋）↑	1991（＋）↑
9 月	无变异	无变异	1986（＋）↑	无变异	1968（＋）↑	无变异	1990（＋）↑
10 月	1968（＋）↑	2002（＋）↓	无变异	无变异	1968（＋）↑	2002（＋）↓	无变异
11 月	无变异	无变异	趋势↑	无变异	1980（＋）↑	无变异	无变异
12 月	无变异	无变异	1993（＋）↑	无变异	1964（＋）↑	无变异	无变异
年平均流量	无变异	无变异	无变异	中变异	1968（＋）↑	无变异	无变异

鄱阳湖湖口流量的未发生显著变异，但年内分配上部分月份发生了变化，其中 8 月、9 月的湖口流量分别在 1991 年、1990 年均发生显著向上的跳跃变异，湖口流量均增加。

5. 湖区水位变异分析

取第一显著性水平 $\alpha = 0.05$，第二显著性水平 $\beta = 0.01$，对鄱阳湖湖区星子站和湖口站月平均水位序列、年平均水位序列和年最低水位序列进行变异诊断分析，结果见表 4 – 13。

表 4 – 13   鄱阳湖湖区水位变异分析结果表

时间	星 子 站	湖 口 站	时间	星 子 站	湖 口 站
1 月	1968（＋）↑	1988（＋）↑	8 月	无变异	无变异
2 月	无变异	1988（＋）↑	9 月	无变异	无变异
3 月	1979（＋）↑	1979（＋）↑	10 月	2005（＋）↓	2001（＋）↓
4 月	2003（＋）↓	1998（＋）↓	11 月	2002（＋）↓	2002（＋）↓
5 月	2003（＋）↓	无变异	12 月	2002（＋）↓	无变异
6 月	无变异	无变异	年平均	2003（＋）↓	2003（＋）↓
7 月	1961（＋）↑	2003（＋）↓			

鄱阳湖湖区星子站和湖口站年平均水位均在 2003 年发生显著向下跳跃变异，年平均水位呈降低趋势。从年内分配来看，星子站水位 10—12 月各月平均水位在 2002

年前后也显著降低，为跳跃变异；与星子站类似，湖口站7月、10月、11月平均水位在2002年前后也显著降低，为跳跃变异。

6. 长江干流水文情势变异分析

取第一显著性水平 $\alpha = 0.05$，第二显著性水平 $\beta = 0.01$，对长江干流宜昌站、汉口站、大通站和九江站月平均流量序列、年平均流量序列进行变异诊断分析，结果见表4-14。

表4-14 长江干流径流量变异分析结果表

时间	宜昌站	汉口站	大通站	九江站
1月	2009 （+）↑	1994 （+）↑	1988 （+）↑	1994 （+）↑
2月	2008 （+）↑	1988 （+）↑	1988 （+）↑	1989 （+）↑
3月	1988 （+）↑	1987 （+）↑	1979 （+）↑	1987 （+）↑
4月	无变异	无变异	无变异	无变异
5月	无变异	1976 （+）↓	1977 （+）↓	1977 （+）↓
6月	无变异	无变异	1966 （+）↓	无变异
7月	2000 （+）↓	2003 （+）↓	2003 （+）↓	2003 （+）↓
8月	1962 （+）↓	1965 （+）↓	无变异	无变异
9月	1990 （+）↓	2005 （+）↓	1965 （+）↓	无变异
10月	2001 （+）↓	2005 （+）↓	2005 （+）↓	2003 （+）↓
11月	2001 （+）↓	1964 （+）↓	1964 （+）↓	无变异
12月	1968 （+）↓	1964 （+）↓	1964 （+）↓	无变异
年平均流量	2005 （+）↓	无变异	无变异	无变异

长江干流宜昌站年平均流量在2005年发生显著向下跳跃变异，汉口站和大通站年平均流量未发生显著向下跳跃变异。长江干流九江站是距离鄱阳湖最近的长江干流站点，从年内分配来看，长江干流九江站1—3月径流量均呈显著向上跳跃，5月、7月、10月均呈显著向下跳跃，变异时间在2003年附近，水位呈现下降趋势。

总体而言，长江干流1—3月径流量均呈显著向上跳跃，7—12月大部分均呈显著向下跳跃。

从鄱阳湖水文要素的变异诊断结果中可以看出，鄱阳湖全流域年潜在蒸发量和年降水量未发生显著变异，但其年内分配发生了显著变化。受降水、蒸发年内变异情况的影响，鄱阳湖全流域入湖年平均流量未发生显著变异，径流量年内分配发生了显著变化。同时，由于鄱阳湖属于通江型湖泊，受长江干流水量变化——尤其是三峡工程投运的影响（九江站流量在2003年出现了跳跃向下的变异），鄱阳湖出湖湖口流量发生了显著变异，江水倒灌量也呈现出减小的趋势。加之湖区范围内采砂、人类活动大量取用湖区水资源量等人类活动的影响，湖区年平均水位2003年显著降低，出现了跳跃向下的变异，年内 10—12 月各月平均水位在 2002 年前后也显著降低。

4.3 鄱阳湖湖口变异主因分析

鄱阳湖与长江干流连通，因此，以鄱阳湖控制站湖口站为研究对象，在鄱阳湖流域降水、蒸发、入湖径流、湖区水位、江湖水量交换、长江干流来水条件等变异分析的基础上，对鄱阳湖湖口站水位变异的时空尺度主因进行分析，揭示影响鄱阳湖水位的主要因素。

4.3.1 时空尺度水文变异主因分析方法

对年际尺度的水文序列进行变异分析时，往往要用到水文测站的实测径流资料。而对于同一测站而言，研究对象和其影响因素之间具有明显的影响和作用关系。针对这一特点，年际尺度变异问题分析的方法可以概括为以下 3 个步骤。

1. 年际尺度序列的变异诊断

首先必须对不同年际尺度的水文序列进行变异诊断，诊断结果将作为分析年际尺度变异规律的依据，文中所采用变异诊断方法为水文变异诊断系统，具体的诊断过程可以参考第 2 章中的内容。

2. 绘制水文序列的年际尺度变异关系表

以诊断结果为基础，结合考虑变异程度、变异形式、变异年份等变异要素，绘制水文序列的变异关系表。由于周期成分在年际间相对变化较小，因此，本文重点对趋势和跳跃两种变异形式的关系表绘制方法进行阐述。

（1）水文序列变异形式均为跳跃。当水文序列的变异形式均为跳跃时，可根据跳跃点年份、变异程度绘制水文序列的变异关系表，并参考不同要素变异形式的相关系数大小，可以方便直观地确定不同年际尺度水文序列之间的变异关系。

（2）水文序列变异形式均为趋势。跳跃变异和趋势变异是水文序列发生变异的两种形式，两者具有辩证统一的特性，即跳跃变异可以看作为大幅度的趋势变异，而趋势变异也可以看作为多级跳跃变异的合成。因此，当水文序列发生了趋势变异时，可以近似地把趋势变异看作为多级跳跃变异进行处理，在多级跳跃点中选出最显著的变异点，这样就可以把问题转换为跳跃变异的情况进行分析。

（3）水文序列变异形式既有趋势又有跳跃。当跳跃变异和趋势变异在不同年际尺度的水文序列中均出现的时候，对于趋势变异而言，也将其看作多级跳跃变异并选出最显著的变异点，结合跳跃变异的变异点，同样把问题转换为跳跃变异的情况进行分析。

3. 不同年际尺度变异规律分析

水文序列的变异关系表能够非常直观地展现不同年际尺度水文序列之间，在水文变异上存在的内在联系，因此，可以在此基础上，揭示和归纳水文变异规律，例如年尺度序列变异的主要因素，影响汛期径流变异的主要月份等。

4.3.2 水文变异主因时空主因分析

依据湖口水位，鄱阳湖流域降水、蒸发、入流，长江干流（九江站）的水文变异诊断结果，绘制湖口水位各影响要素变异主因分析表，见表4-15。

表4-15 湖口水位各影响要素变异主因分析表

时间	湖口水位	流域降水	流域蒸发	流域入流	湖口流量	九江流量
1月	1988（+）↑	1988（+）↑	1972（+）↓	无变异	无变异	1994（+）↑
2月	1988（+）↑	无变异	无变异	无变异	无变异	1989（+）↑
3月	1979（+）↑	1977（+）↑	2000（+）↑	无变异	无变异	1987（+）↑
4月	1998（+）↓	无变异	2003（+）↑	无变异	无变异	无变异
5月	无变异	无变异	无变异	无变异	无变异	1977（+）↓
6月	无变异	无变异	无变异	无变异	无变异	无变异
7月	2003（+）↓	无变异	1971（+）↑	无变异	无变异	2003（+）↓
8月	无变异	无变异	1978（+）↓	1992（+）↑	1991（+）↑	无变异
9月	无变异	无变异	1969（+）↓	无变异	1990（+）↑	无变异
10月	2001（+）↓	无变异	无变异	2002（+）↓	无变异	2003（+）↓
11月	2002（+）↓	无变异	无变异	无变异	无变异	无变异
12月	无变异	无变异	无变异	无变异	无变异	无变异
年均	2003（+）↓	无变异	无变异	无变异	无变异	无变异

从表4-15可以看出，鄱阳湖湖口控制站的各影响因素中，出现变异的月份较多，其中长江干流、流域蒸发的变异月份最多，流域降水、湖口流量和流域入流出现变异的月份最少。从年尺度而言，流域降水、流域入流、湖口流量、九江流量并未出现变异，而流域蒸发则出现了变异的情况。

以湖口站水位变异结果为基准，将出现变异的月份，以变异形式、变异年份为依据，将流域降水、流域蒸发、流域入流、长江干流的水文变异情况进行对比，见表4-16和表4-17。

表4-16 湖口水位各影响要素变异形式分析表

时间	湖口水位	流域降水	流域蒸发	流域入流	湖口流量	长江干流
1月	↑	↑	↓			↑
2月	↑					↑
3月	↑	↑	↑			↑
4月	↓		↑			

时间	湖口水位	流域降水	流域蒸发	流域入流	湖口流量	长江干流
5 月						↓
6 月						
7 月	↓		↓			↓
8 月			↓	↑	↑	
9 月			↓		↑	
10 月	↓			↓		↓
11 月	↓					
12 月						
年均	↓					

表 4 - 17　　　　　　　　　湖口水位各影响要素变异年份分析表

时间	湖口水位	流域降水	流域蒸发	流域入流	湖口流量	长江干流
1 月	1988	1988	1972			1994
2 月	1988					1989
3 月	1979	1977	2000			1987
4 月	1998		2003			
5 月						1977
6 月						
7 月	2003		1971			2003
8 月			1978	1992	1991	
9 月			1969		1990	
10 月	2001			2002		2003
11 月	2002					
12 月						
年均	2003					

若变异形式和变异年份与湖口站变异诊断结果保持一致，则定义其水文变异相关系数为 1，若仅有一个一致，则水文变异相关系数为 0.5，均不一致则为 0，无变异时表明水文序列并没有发生变异，则不参与相关系数评价。流域降水、流域蒸发、流域入流、长江干流的水文变异与湖口站水文变异的变异相关性见表 4 - 18。

从表 4 - 18 中可以看出，鄱阳湖湖口水位变异的影响因素中，空间尺度上（即相关性合计数值），对其影响程度最弱的是湖口流量、流域入流，其变异相关性仅为 0.0 和 0.5；而长江干流对湖口站水位变异的影响作用最大，其变异相关性为 3，高于其他 3 个影响因素。因此，可以得出，对湖口水位变异而言，长江干流的影响具有很大的作用。

表 4-18　　　　　　　　　　湖口水位各影响要素变异相关性分析表

时间	流域降水	流域蒸发	流域入流	湖口流量	长江干流
1 月	1	0	0	0	0.5
2 月	0	0	0	0	0.5
3 月	0.5	0.5	0	0	0.5
4 月	0	0	0	0	0
5 月	0	0	0	0	0
6 月	0	0	0	0	0
7 月	0	0.5	0	0	1
8 月	0	0	0	0	0
9 月	0	0	0	0	0
10 月	0	0	0.5	0	0.5
11 月	0	0	0	0	0
12 月	0	0	0	0	0
年均	0	0	0	0	0
合计	1.5	1.0	0.5	0	3

在时间尺度上，鄱阳湖湖口站水文变异的产生，不同时间段的影响因素各有不同，其中1月主要受流域降水影响，2月、7月主要受长江干流影响，3月、10月影响因素各有一定的影响。总体而言，长江干流的影响较为突出。

综上得出，对鄱阳湖水位变异而言，无论是时间还是空间尺度上，长江干流的影响均为鄱阳湖变异的主因所在。

4.4　江水倒灌影响分析

江湖水量交换（以下简称"江水倒灌"）是通江湖泊的典型特征，具有调蓄长江洪水、维持湖泊水位、保障湖泊区水资源利用安全、促进洲滩湿地生态演变等功能。受江湖关系变化的影响，江水倒灌也呈现出许多新的变化规律。

目前对于变化环境下江湖关系的研究，多集中于对变化环境下湖泊水位、泥沙的相互关系等。郭华等通过 2004—2008 年的数据分析，认为三峡水库 10 月的大量蓄水使长江对鄱阳湖的作用频率明显减弱，导致长江下泄流量减少，对鄱阳湖水位有一定影响。汪迎春等运用长江中游江湖耦合水动力模型模拟表明三峡水库蓄水会导致鄱阳湖都昌站水位降低 0.09~1.11m。方春明等预测三峡水库的运用，在河道冲刷和蓄水共同作用下，鄱阳湖的枯水季节将提前 1 个月左右；并提出湖口站出现倒流的简化判别条件，即九江流量日涨幅超过了湖口前一天的流量。胡春宏、朱玲玲等开展了三峡工程运行后，长江干流河道和鄱阳湖的泥沙淤积变化研究，均指出三峡工程的运行减少了鄱阳湖泥沙淤积的速度和数量，并造成河道冲刷加剧等影响。

可以看出，很多学者均将三峡水库的运行作为鄱阳湖江湖关系变化的节点，但往往并没有做更进一步的水文变异分析，在节点的选取上缺乏理论依据；其次，江水倒灌对于通江湖泊水量补充的作用非常明显，且受环境变化的影响，其倒灌水量、持续时间等也在悄然改变，但目前对于其变化规律的研究仍较为欠缺。针对上述存在的问题，本书以湖口站水位变异诊断结果为依据，对变异前后江水倒灌的年内变化规律进行系统梳理和分析。

为了采用更长的序列对江水倒灌的规律进行分析，书中基于已有湖口站流量序列，将起始年份延长至 1955 年。由之前变异分析结果可知，鄱阳湖湖口站水位在 2003 年发生了跳跃向下变异，以变异点为基准，对变异前后湖口站实测江水倒灌数据进行分析。

4.4.1　江水倒灌水位及流量总体样本变化规律

以湖口站水位序列的变异诊断结果为依据，将湖口站 1955—2012 年江水倒灌序列分为两段，即变异前 1955—2003 年（简称变异前）和变异后 2004—2013 年（简称变异后），分别对鄱阳湖江水倒灌的年内分配变化规律进行分析。将出现倒灌的天数作为样本，首先对其总体样本水位及流量的变化规律进行分析。

据湖口站实测倒灌流量和水位资料，变异前共发生江水倒灌 609 天，变异后共发生倒灌 85 天，如图 4-1 和图 4-2 所示。

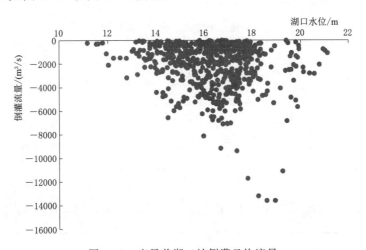

图 4-1　变异前湖口站倒灌日均流量

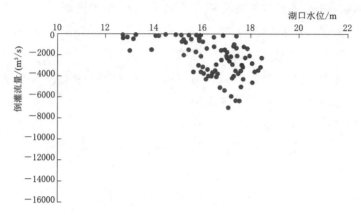

图 4-2 变异后湖口站倒灌日均流量

变异前后发生倒灌时湖口站的水位及流量边界值变化见表 4-19。

表 4-19 变异前后倒灌水位及流量边界值变化

项目	水位最低值/m	水位最高值/m	日均流量最大值/(m³/s)
变异前	11.16	21.12	13600
变异后	12.72	18.46	7000

从表 4-19 中可以看出，湖口站水位变异前后，江水发生倒灌时的水位以及最大日均流量值均有较大的变化。首先，变异后江水倒灌时对应的水位分布区间更加紧密，仅发生在 12.72~18.46m 区间，比变异前的 11.16~21.12 m 减少了 4.22m；其次，日均倒灌流量的最大值有大幅度减小，从 13600m³/s 减少为 7000m³/s，减少幅度为 48.5%。

变异前后倒灌水位分布区间变化见表 4-20。

表 4-20 变异前后倒灌水位分布区间变化

单次倒灌水位/m	变 异 前		变 异 后	
	发生次数	相应概率/%	发生次数	相应概率/%
<12	5	0.82	0	0.00
12~14	39	6.40	7	8.24
14.01~16	183	30.05	21	24.71
16.01~18	315	51.72	51	60.00
18.01~20	59	9.69	6	7.06
>20	8	1.31	0	0.00
合计	609	100	85	100

从表 4-20 可以看出，湖口站江水倒灌时的水位分布区间发生了一定的变化。首先，变异后的水位分布更为集中，16.01~18m 时发生的概率比变异前有所增加，而

其他水位区间则均呈减小的趋势；其次，变异后的水位在小于 12m 和大于 20m 的区间，并没有发生江水倒灌的现象。

变异前后倒灌流量分布区间变化见表 4-21。

表 4-21   变异前后倒灌流量分布区间变化

单次倒灌流量 /(m³/s)	变 异 前		变 异 后	
	发生次数	相应概率/%	发生次数	相应概率/%
<1500	287	47.13	30	35.29
1500~3000	162	26.60	23	27.06
3001~4500	82	13.46	24	28.24
4501~6000	58	9.52	5	5.88
6001~7500	12	1.97	3	3.53
>7500	8	1.31	0	0.00
合计	609	100	85	100

从表 4-21 可以看出，水位变异前后江水倒灌的流量分布区间也出现了一些变化。变异前，倒灌流量约有一半分布在流量小于 1500m³/s 之内，且随着倒灌流量的增加，其出现的概率也随之减少，规律性较为明显；变异出现后，倒灌流量仅有约 1/3 分布在流量小于 1500m³/s，1500~3000m³/s 与 4501~6000m³/s 区间的分布概率非常接近，变异后倒灌流量呈现出较强的分散性。

通过上述江水倒灌水位及流量总体样本变化规律方面的分析可以得出以下结论：

（1）倒灌水位方面。变异后江水倒灌时对应的水位分布区间更加紧密，仅发生在 12.72~18.46m 区间，比变异前的 11.16~21.12m 减少了 4.22m。变异后倒灌发生在 16.01~18m 时的概率比变异前有所增加，而其他水位区间则均呈减小的趋势；其次，变异后的水位在小于 12m 和大于 20m 的区间，并没有发生江水倒灌的现象。

（2）倒灌流量方面。首先，日均倒灌流量的最大值有大幅度减小，从 13600m³/s 减少为 7000m³/s，减少幅度为 48.5%；其次，变异前倒灌流量约有一半分布在流量小于 1500m³/s 之内，且随着倒灌流量的增加，其出现的概率也随之减少，规律性较为明显；变异出现后，倒灌流量仅有约 1/3 分布在流量小于 1500m³/s，1500~3000m³/s 与 4501~6000m³/s 区间的分布概率非常接近，倒灌流量呈现出较强的分散性。

4.4.2　江水倒灌年内分配变化规律

将每个月出现倒灌的天数作为样本，对其样本出现的概率及流量等要素的年内分配变化规律进行分析。

据湖口站实测倒灌资料，变异前江水倒灌全部分布在 6—12 月，变异后则只在 7—11 月出现，变异前后逐月倒灌天数变化情况见表 4-22，变异前后逐月发生倒灌的概率如图 4-3 所示，变异前后逐月发生倒灌的平均天数如图 4-4 所示。

表 4-22　　　　　　　　变异前后逐月倒灌天数变化

月份	变异前			变异后		
	发生天数	相应概率/%	月均天数	发生天数	相应概率/%	月均天数
1—5	0	0	0	0	0	0
6	14	2.30	2.8	0	0	0
7	164	26.93	9.1	31	36.47	6.2
8	151	24.79	6.9	30	35.29	6.0
9	210	34.48	7.2	17	20.00	3.4
10	59	9.69	4.2	1	1.18	1.0
11	9	1.48	3.0	6	7.06	6.0
12	2	0.33	2.0	0	0	0
合计	609	100	6.6	85	100	5.0

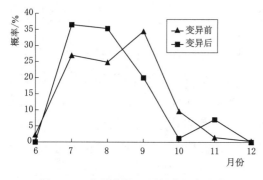

图 4-3　变异前后逐月倒灌概率分布

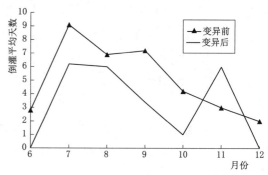

图 4-4　变异前后逐月倒灌平均天数分布

从图 4-3 和表 4-22 中可以看出，变异前，江水倒灌主要发生在 7—9 月，约占全年发生概率的 86.21%，其中 9 月发生的概率最大为 34.48%，且 6 月和 12 月也出现过少数几天的江水倒灌。变异后，虽然江水倒灌仍主要是发生在 7—9 月，约占全年发生概率的 91.76%，但 7 月和 8 月发生的概率均超过变异前的相应月份，且大于变异前 9 月的出现概率；同时，6 月和 12 月并没有出现江水倒灌。可以看出，变异后江水倒灌发生的月份比变异前更为集中，倒灌最有可能发生的月份从变异前的 9 月演变为变异后的 7 月、8 月，年内分配在不同月份有较大的变化。

从图 4-4 和表 4-22 中可以看出，除 11 月之外，变异后逐月发生倒灌的平均天数相比变异前均呈下降的态势，降幅最大的为 9 月，平均减少 3.8 天的倒灌时间；变异后年均比变异前减少1.6天。

将变异前后逐月的流量均值进行统计，如图4-5和表4-23所示。

表4-23 变异前后逐月倒灌流量均值变化

月份	变异前流量均值 /(m³/s)	变异后流量均值 /(m³/s)	变异前后流量差值 /(m³/s)	升降幅度 /%
6	-873.53	0	873.53	-100
7	-2313.44	-2464.00	-150.56	6.51
8	-1664.86	-1927.67	-262.80	15.79
9	-1532.08	-2028.17	-496.09	32.38
10	-1360.83	-75.00	1285.83	-94.49
11	-911.04	-601.48	309.56	-33.98
12	-255	0	255	-100
年均	-1272.97	-1013.76	259.21	-20.36

从图4-5和表4-23中可以看出，变异后逐月的流量均值相比变异前有升有降，其中6月和12月的降幅最大，另外出现下降的月份为10月、11月，而7—9月三个月均有所上升，9月上升幅度最大，比变异前上涨32.38%；年均的倒灌流量总体呈下降趋势，降幅为20.36%。可以看出，变异后江水倒灌流量相对于变异前也更为集中，且年均倒灌流量呈下降趋势。

倒灌流量极值可以反映通江湖泊洪水遭遇，用来分析区域防洪抗旱等问题，具有重要的作用。将变异前后逐年每月江水倒灌的流量极值进行分析，结果如图4-6和表4-24所示。

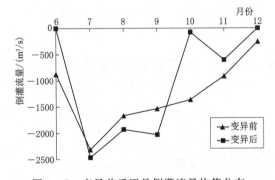

图4-5 变异前后逐月倒灌流量均值分布

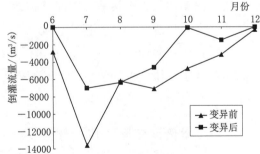

图4-6 变异前后逐月倒灌极值分布

表4-24 变异前后逐月倒灌极值变化

月份	变异前流量极值 /(m³/s)	变异后流量极值 /(m³/s)	变异前后极值差值 /(m³/s)	升降幅度 /%
6	-2820	0	2820.00	-100
7	-13600	-7000	6600.00	-49

续表

月份	变异前流量极值 /(m³/s)	变异后流量极值 /(m³/s)	变异前后极值差值 /(m³/s)	升降幅度 /%
8	−6220	−6370	−150.00	2
9	−7090	−4620	2470.00	−35
10	−4770	−75	4695.00	−98
11	−3170	−1500	1670.00	−53
12	−310	0	310	−100

从图 4-6 和表 4-24 中可以看出，除 8 月极值基本和变异前持平以外，变异后逐月的流量极值相比变异前总体呈降低趋势，降幅在 35%～100% 之间。变异后的流量极值整体趋于扁平化，一定程度上有利于鄱阳湖防洪，但也会对鄱阳湖枯期水位造成影响。变异后 7—9 月一方面江水倒灌的流量均值上升，另一方面倒灌的平均天数减少，总体相比变异前，倒灌水量呈减少的态势，且倒灌流量的极值有较大幅度降低，有利于鄱阳湖的防洪安全。变异后枯期江水倒灌的流量均值、平均天数、流量极值比变异前总体大幅度下降，对于鄱阳湖枯期水位会有较大的影响。

通过上述江水倒灌在年内分配变化方面的分析可以得出以下结论：

（1）变异前江水倒灌分布在 6—12 月，变异后则只在 7—11 月出现。变异后江水倒灌发生的月份比变异前更为集中，倒灌最有可能发生的月份从变异前的 9 月演变为变异后的 7 月、8 月，年内分配在不同月份有较大的变化。除 11 月之外，变异后逐月发生倒灌的平均天数相比变异前均呈下降的态势，降幅最大的为 9 月，平均减少 3.8 天的倒灌时间；变异后年均比变异前减少 1.6 天。

（2）变异后逐月的流量均值相比变异前有升有降，江水倒灌流量相对于变异前也更为集中，年均的倒灌流量总体呈下降趋势。极值方面，除 8 月极值基本和变异前持平以外，变异后逐月的流量极值相比变异前总体呈降低趋势。

（3）相比变异前，7—9 月倒灌水量呈减少的态势，且倒灌流量的极值有较大幅度降低，有利于鄱阳湖的防洪安全。但枯期江水倒灌比变异前总体大幅度下降，对于鄱阳湖枯期水位会有较大的影响。

4.4.3　江水倒灌年际变化规律分析

将出现倒灌的次数作为样本，对其年际变化规律进行分析。据湖口站实测倒灌资料，变异前共有 35 年发生江水倒灌，共计 106 次，变异后共有 7 年发生倒灌，共计 15 次，变异前后每年发生的倒灌次数如图 4-7 和表 4-25 所示。

从表 4-25 中可以看出，变异前，当倒灌出现时，一年发生 3 次的概率最大，一共出现了 11 年；一年发生 4 次及以内的概率为 85.72%，一共出现了 30 次。变异后，倒灌出现时，一年发生 2 次的概率最大，一共出现了 3 年，一年发生 4 次及以内的概率为 100%；变异后倒灌出现的次数比变异前有大幅降低。

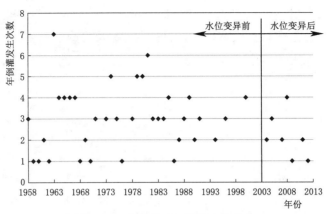

图 4-7　变异前后年倒灌次数分布

表 4-25　　　　　　　　　　　　　　变异前后年倒灌次数变化

发生次数	变 异 前		变 异 后	
	发生年数	相应概率/%	发生年数	相应概率/%
1	7	20.00	2	28.57
2	5	14.29	3	42.86
3	11	31.43	1	14.29
4	7	20.00	1	14.29
5	3	8.57	0	0.00
6	1	2.86	0	0.00
7	1	2.86	0	0.00
合计	35	100	7	100

　　每年倒灌持续的天数也不尽相同，将变异前后每年倒灌持续的天数进行统计，见表 4-26，如图 4-8 所示。

表 4-26　　　　　　　　　　　　　　变异前后倒灌持续天数变化

持续天数	变 异 前		变 异 后	
	发生年数	相应概率/%	发生年数	相应概率/%
1～5	5	14.29	3	42.86
6～10	6	17.14	0	0.00
11～15	7	20.00	1	14.29
16～20	7	20.00	1	14.29
21～25	2	5.71	2	28.57
26～30	6	17.14	0	0.00
31～40	1	2.86	0	0.00
>40	1	2.86	0	0.00
合计	35	100	7	100

从表 4-26 中可以看出，变异前，当倒灌出现时，不同的持续天数出现的概率较为平均，最大的概率也不超过 20%。变异后，倒灌持续时间大为缩短，且 5 天以内的概率较大，分布较为集中，且没有持续时间超过 25 天的倒灌发生。

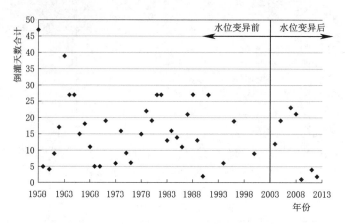

图 4-8　变异前后每年倒灌持续天数分布

将变异前后每次发生的倒灌，按年尺度对其持续时间的最大值进行统计，如表 4-27 和图 4-9 所示。

表 4-27　　　　　　　　变异前后每年每次倒灌最多天数

单次倒灌最多天数	变 异 前		变 异 后	
	发生年数	相应概率/%	发生年数	相应概率/%
1~3	3	8.57	3	42.86
4~6	12	34.29	2	28.57
7~9	7	20.00	0	0.00
10~12	4	11.43	0	0.00
13~15	3	8.57	1	14.29
16~18	4	11.43	1	14.29
19~21	1	2.86	0	0.00
>22	1	2.86	0	0.00
合计	35	100	7	100

从表 4-27 中可以看出，变异前，当倒灌出现时，持续天数的最大值在 4~6 天的概率为最大，约占 34.29%；变异后，持续天数的最大值在 1~3 天的概率为最大，约占 42.86%，倒灌天数的最大值比变异前有显著降低。

通过上述江水倒灌在年际变化方面的分析可以得出以下结论：

（1）变异前，当倒灌出现时，一年发生 3 次的概率最大，一共出现了 11 年；一年发生 4 次及以内的概率为 85.72%，一共出现了 30 次。变异后，倒灌出现时，一年

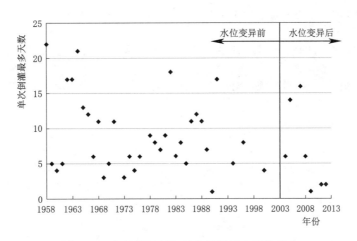

图 4-9 变异前后每年每次倒灌最多天数分布

发生 2 次的概率最大，一共出现了 3 年，一年发生 4 次及以内的概率为 100%；变异后倒灌出现的次数比变异前有大幅降低。

（2）变异前，当倒灌出现时，不同的持续天数出现的概率较为平均，最大的概率也不超过 20%。变异后，倒灌持续时间大为缩短，且 5 天以内的概率较大，分布较为集中，且没有持续时间超过 25 天的倒灌发生。变异前，当倒灌出现时，持续天数的最大值在 4～6 天的概率为最大，约占 34.29%；变异后，持续天数的最大值在 1～3 天的概率为最大，约占 42.86%，倒灌天数的最大值比变异前有显著降低。

4.5　本章小结

本章在对鄱阳湖自然地理、水文气象、河流水系等进行概述的基础上，阐述了水文要素变异分析所采取的时间序列及其计算方法，利用水文变异诊断系统，对鄱阳湖水位及其影响因素的时间序列进行变异分析，并对结果进行了汇总，分析了鄱阳湖时空变异特征。基于鄱阳湖水位及其影响因素的变异诊断结果，提出了时空尺度水文变异主因分析方法，并应用在鄱阳湖水位的变异主因分析中，结果显示，长江干流的径流条件，是影响鄱阳湖水位的主要原因，并结合变异前后江湖关系的变化，对影响鄱阳湖汛期水位的江水倒灌演变规律进行了分析和总结。

参考文献

［1］　郭华，Hu Qi，张奇. 近 50 年来长江与鄱阳湖水文相互作用的变化 ［J］. 地理学报，2011，66（5）：609-618.

［2］　汪迎春，赖锡军，姜加虎，等. 三峡水库调节典型时段对鄱阳湖湿地水情特征的影响. 湖泊科学，2011，23（2）：191-195.

[3] 方春明,曹文洪,毛继新,等.鄱阳湖与长江关系及三峡蓄水的影响 [J].水利学报,2012,43 (2):175-181.

[4] 胡春宏,王延贵.三峡工程运行后泥沙问题与江湖关系变化 [J].长江科学院院报,2014,31 (5):107-116.

[5] 朱玲玲,陈剑池,袁晶,等.洞庭湖和鄱阳湖泥沙冲淤特征及三峡水库对其影响 [J].水科学进展,2014,25 (3):348-357.

基于逐步回归分析的鄱阳湖水位
非一致性频率分析

在气候变化和人类活动的共同作用下，鄱阳湖水位的演变规律发生了改变。通过对鄱阳湖水位及其影响因素的水文变异分析可以看出，不同水文要素不同月份出现的水文变异情况各有差异。对于出现水文变异后的水文序列，其统计规律不再满足一致性的要求，需要采用非一致性的水文频率计算方法，对水文频率进行分析。

非一致性的水文频率计算方法根据确定性成分提取方式的不同，已经发展出的方法可以分为统计途径的基于跳跃分析、趋势分析、降雨—径流关系、希尔伯特—黄变换、小波分析的非一致性水文频率计算方法，水文模型（基于物理过程）途径的基于 WHMLUCC 模型的非一致性水文频率计算方法。水文模型方法能够准确详细地描述流域内不同因素变化对径流形成过程的影响，但其构建过程需要大量的土壤、植被、土地利用和气候数据输入，参数的校准过程也限制了很多水文模型在较大范围的应用。统计途径的分析方法，虽然只能反映统计尺度上的确定性成分，但输入数据较少，构建过程相对简单，资料充足的情况下能满足分析需要。

为了弥补统计途径分析方法在物理成因分析上的缺陷，同时保留其构建过程简单的特点，本研究提出了基于逐步回归分析的非一致性频率计算方法，在分析鄱阳湖水位及其影响因素水文变异的基础上，建立鄱阳湖水位与其影响因素之间的逐步回归分析模型，对鄱阳湖出现变异的水位，提取其确定性成分和随机性成分，从而对变化环境下鄱阳湖水位的频率进行分析。

5.1 逐步回归分析模型

对于鄱阳湖水位而言，影响其变化的因素除当地降雨以及蒸发变化以外，还受到湖区入流、长江干流等多个要素的影响作用。在水文相关分析中，相关模型是常用的一种研究多自变量与因变量相互关系的模型。相关模型主要是通过建立输出因子 y 与各输入因子 x_i 的相关关系来研究随机变量 y_i 和 x_i 之间的相互关系，同时分析输出因子与多个输入因子相互关系的密切程度、结构关系，并通过模型进行未来的预测。水文相关模型作为水文分析计算工作的一种方法途径，同时为保证输入与输出因子相关关系的精确度，其对基础数据的要求也保持一致，即要求用于建立模型的水文序列具有一致性。

1. 模型构建

建立相关模型之前，对建模因子时间序列的一致性进行检验是保证模型准确性的第一步。若序列出现了非一致性，则需要通过一定的手段进行预处理。对于满足一致性要求的输出因子 y 与各输入因子 x_i，建立线性相关关系，其方程如式为

$$y_{\text{output}} = \sum_{i=1}^{n} \beta_i x_i + \beta_0 \qquad (5-1)$$

式中　y_{output}——输出因子；

　　　　x_i——输出因子；

　　　　n——模型输入因子个数；

　　　　β_i、β_0——未知参数。

相关模型通过线性相关方程描述多个自变量与因变量的相互关系，方程中各输入因子的模型参数具有一定的物理意义，参数大小能够反映输入因子与输出因子的相关程度。模型参数采用 Matlab 进行编程计算后求得。

2. 误差评定

对于模型的准确性与合理性的衡量，可利用误差评定对模型相关关系进行评价，评定时计算相对误差的公式为

$$E = (Q_i - Q_c)/Q_i \qquad (5-2)$$

式中　E——相对误差；

　　　　Q_i——随机性成分原始值（模型输入值）；

　　　　Q_c——随机性成分模拟值（模型模拟值）。

以相对误差 $[-5\%，5\%]$ 作为模型评判标准，超出此范围的预测值，认为模型预测不合格，并最终以合格率来衡量模型的预测精度。鉴于相对误差控制范围较小，因此，本书认为相对误差合格率在 80% 以上时，模型的模拟效果较好，可以用来预测输出因子。

下面针对存在水文变异的鄱阳湖湖口站 1 月、2 月、3 月、4 月、7 月、10 月、11 月、年均水位序列，采用基于逐步回归分析的鄱阳湖水位非一致性频率计算方法，对其频率进行分析。

5.2　1 月非一致性水位频率分析

在鄱阳湖水位及其影响因素已有的水文变异诊断结果的基础上，基于逐步回归分

析的随机性与确定性成分提取方法，首先构建鄱阳湖水位及其影响因素随机性成分之间的逐步回归分析模型，下面对鄱阳湖逐月份水位（因变量 Y_{sw}）与湖口流量（X_{hk}）、湖区降水（X_{js}）、湖区蒸发（X_{zf}）、五河入流（X_{rl}）、九江流量（X_{jj}）5 个影响因素（自变量，下同）之间模型构建过程进行阐述。

5.2.1　逐步回归分析模型构建及成分提取

1. 水文变异分析

从表 4-15 的水文变异诊断结果可以看出，除流域入流、湖口流量序列没有发生水文变异之外，1 月湖口水位、流域降水、流域蒸发、九江流量分别在 1988 年、1988 年、1972 年、1994 年发生了跳跃变异，最早的年份为 1972 年。

2. 逐步回归分析模型构建

湖区入流、湖口流量序列没有发生水文变异，其序列满足一致性要求，可以认为是随机序列。以最早的变异点 1972 年为界，之前的水文序列可以看做是均未出现水文变异的随机序列。通过实测序列构建 1 月鄱阳湖水位与 5 个影响因素之间的逐步回归分析模型

$$Y_{sw} = 2.86 + 9.04 \times 10^{-4} X_{hk} + 4.89 \times 10^{-4} X_{jj} + 2.41 \times 10^{-3} X_{js}$$
$$+ 6.89 \times 10^{-3} X_{zf} - 7.74 \times 10^{-4} X_{rl} \tag{5-3}$$

利用式（5-3）预测鄱阳湖 1972 年之前 1 月水位，模型预测值及预测合格率见表 5-1。

表 5-1　　　　　　湖口 1 月湖口水位与各影响因素逐步回归模型模拟结果

年份	实测值/m	预测值/m	误差/%
1960	7.25	7.19	−0.86
1961	6.60	6.69	1.43
1962	8.11	8.25	1.63
1963	7.10	7.12	0.39
1964	8.36	8.40	0.57
1965	7.51	7.35	−2.09
1966	8.58	8.55	−0.34
1967	6.62	6.79	2.52
1968	7.25	7.25	−0.03
1969	8.72	8.79	0.77
1970	7.01	6.81	−2.76
1971	8.47	8.32	−1.74
1972	6.58	6.63	0.85
合格率（误差在 [−5%，5%] 内为合格）			100

从表5-1可以看出，利用逐步回归分析模型构建的鄱阳湖水位与其影响因素之间的预测模型，在允许误差［－5％，5％］的范围内，合格率为100％，能够满足预测准确度的要求。

3. 随机性成分构建和确定性成分提取

以湖区降水、湖区蒸发、九江流量的变异点为基准，根据其跳跃变异的确定性成分，分别提取其随机性成分。湖口水位在1972年之前的水位序列可以认为是满足一致性要求的随机序列。依据式（5-3），利用各影响因素的随机序列，计算湖口水位1972年以后的随机序列，则湖口水位的随机序列由1972年及之前的实测序列，和1972年以后计算的随机序列构成，其确定性成分为1972年之后实测序列与计算的随机序列差值的均值0.17，计算结果见表5-2。

表5-2　　　　　　　　　鄱阳湖湖口1月水位确定性成分计算结果表

年份	确定项/m	年份	确定项/m	年份	确定项/m	年份	确定项/m	年份	确定项/m
1972年及之前	0.00	1981	0.14	1990	0.39	1999	1.36	2008	0.32
1973	−0.09	1982	0.17	1991	−0.06	2000	0.59	2009	0.13
1974	0.14	1983	0.13	1992	0.22	2001	0.07	2010	0.61
1975	0.07	1984	−0.05	1993	0.23	2002	0.23	2011	0.05
1976	0.14	1985	0.08	1994	−0.12	2003	0.09	2012	0.26
1977	0.03	1986	−0.38	1995	0.62	2004	0.31	2013	−0.47
1978	−0.10	1987	−0.22	1996	1.17	2005	0.47	平均	0.17
1979	−0.29	1988	−0.01	1997	1.06	2006	0.49		
1980	−0.35	1989	−0.03	1998	−0.64	2007	0.18		

5.2.2　随机性成分频率计算

对于存在水位变异的月份，根据不同月份提取出的随机性，可以认为其满足一致性的要求，采用传统的频率计算方法，对其频率进行分析计算。

由逐步回归模型模拟得到的鄱阳湖1月水位序列随机性成分是具有一致性的稳定序列，对于满足一致性的随机性成分可以直接采用传统的频率计算方法推求其频率分布。对于湖口站1月水位序列的随机性成分，假设其服从P-Ⅲ型分布，采用有约束加权适线法计算频率曲线参数，得到均值$\bar{x}=7.97$m，变差系数$C_v=0.16$，偏态系数$C_s=1.66$，理论频率曲线与样本点据的拟合效率系数$R^2=94.56\%$；频率计算结果见表5-3，曲线变化如图5-1所示。

表 5-3 　　　　　　　　　　　鄱阳湖 1 月水位序列随机性成分频率计算结果表

序号	频率/%	设计值/m	序号	频率/%	设计值/m
1	0.01	17.17	16	25	8.52
2	0.02	16.43	17	30	8.30
3	0.05	15.45	18	40	7.93
4	0.1	14.70	19	50	7.64
5	0.2	13.95	20	60	7.39
6	0.5	12.96	21	70	7.17
7	1	12.19	22	75	7.07
8	1.5	11.75	23	80	6.96
9	2	11.43	24	85	6.86
10	3	10.97	25	90	6.76
11	4	10.65	26	95	6.64
12	5	10.40	27	97	6.59
13	10	9.60	28	99	6.53
14	15	9.13	29	99.5	6.51
15	20	8.79	30	99.9	6.49

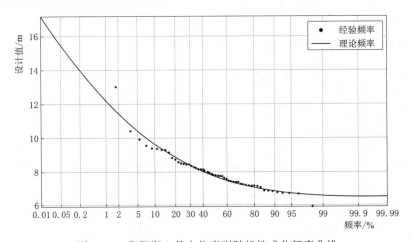

图 5-1　鄱阳湖 1 月水位序列随机性成分频率曲线

5.2.3　非一致性水位序列合成计算

采用分布合成方法对鄱阳湖非一致性水位序列进行合成计算。根据上述章节中确定性成分计算结果，对存在跳跃变异点的各序列的确定性成分取均值，再结合水位随机性成分的统计规律，得到各月及年平均水位合成样本点据，再采用有约束加权适线法对各样本序列进行 P-Ⅲ型分布频率曲线计算，得到均值、变差系数 C_v、偏态系数 C_s，并计算得理论频率曲线与样本点据的拟合效率系数 R^2。

首先根据随机性成分的统计特征进行统计试验，结合湖口站 1 月的确定性趋势成分，随机生成湖口站 1 月份（$N=5000$）年径流合成样本点据，并统计大于等于每一

个样本点据的次数 n，然后用期望值公式计算每个样本点据的经验频率。采用有约束加权适线法对合成样本序列进行 P-Ⅲ型分布频率曲线计算，其中湖口站 1 月年径流考虑现状条件下合成序列的均值 $\overline{x}=8.14\text{m}$，变差系数 $C_v=0.15$，$C_s=1.66$，样本点据与频率曲线拟合的模型效率系数 $R^2=94.56\%$，其频率曲线如图 5-2 所示，频率计算结果见表 5-4。

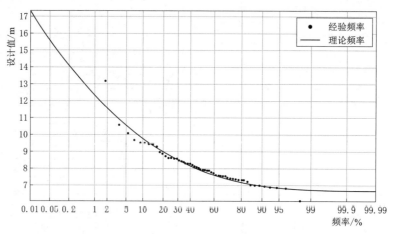

图 5-2　鄱阳湖 1 月合成水位序列频率曲线

表 5-4　　　　　　　　　鄱阳湖 1 月合成水位序列频率计算结果表

序号	频率/%	设计值/m	序号	频率/%	设计值/m
1	0.01	17.34	16	25	8.69
2	0.02	16.60	17	30	8.47
3	0.05	15.62	18	40	8.10
4	0.1	14.87	19	50	7.81
5	0.2	14.12	20	60	7.56
6	0.5	13.12	21	70	7.34
7	1	12.36	22	75	7.24
8	1.5	11.92	23	80	7.13
9	2	11.60	24	85	7.03
10	3	11.14	25	90	6.93
11	4	10.82	26	95	6.81
12	5	10.57	27	97	6.76
13	10	9.77	28	99	6.70
14	15	9.30	29	99.5	6.68
15	20	8.96	30	99.9	6.66

5.2.4　不同时期的水位频率变化规律

随机性成分的频率计算结果可以反映过去近天然条件下水位的形成条件：确定性

成分与随机性成分的合成，可以反映现状（水文变异后）径流的形成条件。上述两个时期的频率计算结果汇总见表5-5。

表5-5　　　　　　　　　鄱阳湖1月水位序列不同时期的频率计算结果

序号	频率/%	过去/m	现状/m	绝对差/m	相对差/%
1	0.01	17.17	17.34	0.17	1.01
2	0.02	16.43	16.60	0.17	1.05
3	0.05	15.45	15.62	0.17	1.10
4	0.1	14.7	14.87	0.17	1.17
5	0.2	13.95	14.12	0.17	1.24
6	0.5	12.96	13.12	0.16	1.27
7	1	12.19	12.36	0.17	1.43
8	1.5	11.75	11.92	0.17	1.41
9	2	11.43	11.60	0.17	1.46
10	3	10.97	11.14	0.17	1.58
11	4	10.65	10.82	0.17	1.60
12	5	10.4	10.57	0.17	1.62
13	10	9.6	9.77	0.17	1.82
14	15	9.13	9.30	0.17	1.87
15	20	8.79	8.96	0.17	1.92
16	25	8.52	8.69	0.17	1.99
17	30	8.3	8.47	0.17	2.00
18	40	7.93	8.10	0.17	2.19
19	50	7.64	7.81	0.17	2.25
20	60	7.39	7.56	0.17	2.34
21	70	7.17	7.34	0.17	2.39
22	75	7.07	7.24	0.17	2.35
23	80	6.96	7.13	0.17	2.49
24	85	6.86	7.03	0.17	2.49
25	90	6.76	6.93	0.17	2.46
26	95	6.64	6.81	0.17	2.61
27	97	6.59	6.76	0.17	2.61
28	99	6.53	6.70	0.17	2.61
29	99.5	6.51	6.68	0.17	2.62
30	99.9	6.49	6.66	0.17	2.60

对于鄱阳湖1月水位而言，其变化的总体趋势是增加的，过去、现状两个时期的鄱阳湖1月水位均值的评价结果分别为：7.97m、8.14m。现状与过去相比水位均值相比增加0.17m，占过去水位均值的2.13%。

从表5-5可以看出，现状与过去相比较，在丰水年（频率为0.01%～30%）、平水年（频率为30%～60%）、枯水年（频率为60%～99.9%），其水位增加的幅度分别为 1.01%～2.00%、2.00%～2.34%及 2.34%～2.6%。

5.3　2月非一致性水位频率分析

5.3.1　逐步回归分析模型构建及成分提取

1. 水文变异分析

从表 4-15 的水文变异诊断结果可以看出，2月流域降水、流域蒸发、流域入流、湖口流量序列没有发生水文变异，湖口水位、九江流量分别在 1988 年、1989 年发生了跳跃变异，最早的年份为 1988 年。

2. 逐步回归分析模型构建

流域降水、流域蒸发、流域入流、湖口流量序列没有发生水文变异，其序列满足一致性要求，可以认为是随机序列。以最早的变异点 1988 年为界，之前的水文序列可以看做是均未出现水文变异的随机序列。通过实测序列构建 2 月鄱阳湖水位与 5 个影响因素之间的逐步回归分析模型

$$Y_{sw}=4.22+5.88\times10^{-4}X_{hk}+4.61\times10^{-4}X_{jj}-2.84\times10^{-3}X_{js}$$
$$-1.57\times10^{-2}X_{zf}-2.32\times10^{-4}X_{rl} \tag{5-4}$$

利用式（5-4）预测鄱阳湖 1988 年之前 2 月水位，模型预测值及预测合格率见表 5-6。

表 5-6　　　　湖口 2 月湖口水位与各影响因素逐步回归模型模拟结果

年份	实测值/m	预测值/m	误差/%	年份	实测值/m	预测值/m	误差/%
1960	6.44	6.54	1.53	1975	8.86	8.70	-1.73
1961	7.54	7.66	1.61	1976	7.63	7.41	-2.83
1962	6.76	6.85	1.44	1977	7.65	7.53	-1.61
1963	6.07	6.15	1.20	1978	7.65	7.34	-4.01
1964	8.74	8.85	1.16	1979	6.66	6.89	3.40
1965	7.17	6.81	-4.94	1980	6.94	7.21	3.88
1966	8.24	8.44	2.49	1981	8.12	8.04	-0.94
1967	6.98	7.29	4.34	1982	9.09	9.36	2.99
1968	7.11	7.11	0.06	1983	9.65	9.48	-1.75
1969	8.56	8.34	-2.54	1984	7.83	7.91	0.99
1970	7.25	7.37	1.70	1985	9.06	9.04	-0.27
1971	8.20	8.15	-0.55	1986	7.46	7.54	1.04
1972	7.39	7.29	-1.28	1987	6.55	6.43	-1.85
1973	9.31	9.35	0.47	1988	7.94	7.76	-2.28
1974	8.87	8.86	-0.15	合格率（误差在［-5%，5%］内为合格）			100

从表 5 - 6 可以看出，利用逐步回归分析模型构建的鄱阳湖水位与其影响因素之间的预测模型，在允许误差［－5％，5％］的范围内，合格率为 100％，能够满足预测准确度的要求。

3. 随机性成分构建和确定性成分提取

以九江流量的变异点为基准，根据其跳跃变异的确定性成分，分别提取其随机性成分。湖口水位在 1988 年之前的水位序列可以认为是满足一致性要求的随机序列。依据式（5 - 4），利用各影响因素的随机序列，计算湖口水位 1988 年以后的随机序列，则湖口水位的随机序列由 1988 年及之前的实测序列，和 1988 年以后计算的随机序列构成，其确定性成分为 1988 年之后实测序列与计算的随机序列差值的均值 0.60，计算结果见表 5 - 7。

表 5 - 7 鄱阳湖 2 月水位确定性成分计算结果表

年份	确定项/m	年份	确定项/m	年份	确定项/m	年份	确定项/m
1988 年及之前	0.00	1995	0.68	2002	0.29	2009	0.37
1989	0.04	1996	1.16	2003	0.02	2010	0.40
1990	1.06	1997	0.99	2004	0.82	2011	0.35
1991	0.44	1998	0.06	2005	－0.06	2012	0.33
1992	1.40	1999	1.10	2006	0.58	2013	0.21
1993	1.58	2000	0.62	2007	0.70	平均	0.60
1994	1.46	2001	0.07	2008	0.34		

5.3.2 随机性成分频率计算

由逐步回归模型模拟得到的鄱阳湖 2 月水位序列随机性成分是具有一致性的稳定序列，对于满足一致性的随机性成分可以直接采用传统的频率计算方法推求其频率分布。对于湖口站 2 月水位序列的随机性成分，假设其服从 P - Ⅲ型分布，采用有约束加权适线法计算频率曲线参数，得到均值 $\overline{x} = 7.98$ m，变差系数 $C_v = 0.16$，偏态系数 $C_s = 0.83$，理论频率曲线与样本点据的拟合效率系数 $R^2 = 98.84\%$；频率计算结果见表 5 - 8，曲线变化如图 5 - 3 所示。

表 5 - 8 鄱阳湖 2 月水位序列随机性成分频率计算结果表

序号	频率/%	设计值/m	序号	频率/%	设计值/m
1	0.01	15.29	6	0.5	12.36
2	0.02	14.79	7	1	11.80
3	0.05	14.12	8	1.5	11.46
4	0.1	13.61	9	2	11.22
5	0.2	13.08	10	3	10.86

续表

序号	频率/%	设计值/m	序号	频率/%	设计值/m
11	4	10.60	21	70	7.19
12	5	10.40	22	75	7.03
13	10	9.73	23	80	6.86
14	15	9.31	24	85	6.68
15	20	9.00	25	90	6.46
16	25	8.74	26	95	6.18
17	30	8.52	27	97	6.01
18	40	8.13	28	99	5.74
19	50	7.80	29	99.5	5.61
20	60	7.49	30	99.9	5.39

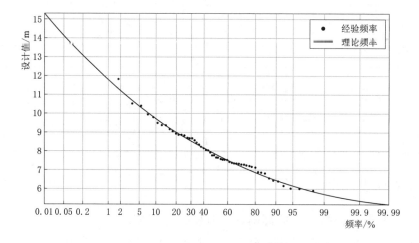

图 5-3　鄱阳湖 2 月水位序列随机性成分频率曲线

5.3.3　非一致性水位序列合成计算

采用分布合成方法进行非一致性年径流序列的合成计算。首先根据随机性成分的统计特征进行统计试验，结合湖口站 2 月的确定性趋势成分，随机生成湖口站 2 月（$N=5000$）年径流合成样本点据，并统计大于等于每一个样本点据的次数 n，然后用期望值公式计算每个样本点据的经验频率。采用有约束加权适线法对合成样本序列进行 P-Ⅲ型分布频率曲线计算，其中湖口站 2 月年径流考虑现状条件下合成序列的均值 $\overline{x}=8.58\text{m}$、变差系数 $C_v=0.15$，$C_s=0.83$，样本点据与频率曲线拟合的模型效率系数 $R^2=98.84\%$，其频率曲线如图 5-4 所示，频率计算结果见表 5-9。

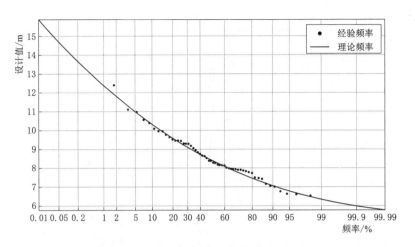

图 5-4　鄱阳湖 2 月合成水位序列频率曲线

表 5-9　　　　　　　　　　鄱阳湖 2 月合成水位序列频率计算结果表

序号	频率/%	设计值/m	序号	频率/%	设计值/m
1	0.01	15.89	16	25	9.34
2	0.02	15.39	17	30	9.12
3	0.05	14.72	18	40	8.73
4	0.1	14.21	19	50	8.40
5	0.2	13.68	20	60	8.09
6	0.5	12.96	21	70	7.79
7	1	12.40	22	75	7.63
8	1.5	12.06	23	80	7.46
9	2	11.82	24	85	7.28
10	3	11.46	25	90	7.06
11	4	11.21	26	95	6.78
12	5	11.00	27	97	6.61
13	10	10.33	28	99	6.34
14	15	9.92	29	99.5	6.21
15	20	9.60	30	99.9	5.99

5.3.4　不同时期的水位频率变化规律

随机性成分的频率计算结果可以反映过去近天然条件下水位的形成条件；确定性成分与随机性成分的合成，可以反映现状（水文变异后）径流的形成条件。上述两个时期的频率计算结果汇总见表 5-10。

表 5 - 10　　　　　　　　　鄱阳湖 2 月水位序列不同时期的频率计算结果

序号	频率/%	过去/m	现状/m	绝对差/m	相对差/%
1	0.01	15.29	15.89	0.60	3.93
2	0.02	14.79	15.39	0.60	4.06
3	0.05	14.12	14.72	0.60	4.25
4	0.1	13.61	14.21	0.60	4.42
5	0.2	13.08	13.68	0.60	4.59
6	0.5	12.36	12.96	0.60	4.86
7	1	11.80	12.40	0.60	5.09
8	1.5	11.46	12.06	0.60	5.24
9	2	11.22	11.82	0.60	5.36
10	3	10.86	11.46	0.60	5.53
11	4	10.60	11.21	0.60	5.67
12	5	10.40	11.00	0.60	5.78
13	10	9.73	10.33	0.60	6.17
14	15	9.31	9.92	0.60	6.45
15	20	9.00	9.60	0.60	6.68
16	25	8.74	9.34	0.60	6.88
17	30	8.52	9.12	0.60	7.06
18	40	8.13	8.73	0.60	7.39
19	50	7.80	8.40	0.60	7.70
20	60	7.49	8.09	0.60	8.02
21	70	7.19	7.79	0.60	8.36
22	75	7.03	7.63	0.60	8.55
23	80	6.86	7.46	0.60	8.76
24	85	6.68	7.28	0.60	9.00
25	90	6.46	7.06	0.60	9.30
26	95	6.18	6.78	0.60	9.73
27	97	6.01	6.61	0.60	9.99
28	99	5.74	6.34	0.60	10.46
29	99.5	5.61	6.21	0.60	10.70
30	99.9	5.39	5.99	0.60	11.15

　　对于鄱阳湖 2 月水位而言,其变化的总体趋势是增加的,过去、现状两个时期的鄱阳湖 2 月水位均值的评价结果分别为:7.98m、8.58m。现状与过去相比水位均值相比增加 0.6m,占过去水位均值的 7.52%。

从表 5-10 可以看出，现状与过去相比较，在丰水年（频率为 0.01%～30%）、平水年（频率为 30%～60%）、枯水年（频率为 60%～99.9%），其水位增加的幅度分别为 3.93%～7.06%、7.06%～8.02% 及 8.02%～11.15%。

5.4 3月非一致性水位频率分析

5.4.1 逐步回归分析模型构建及成分提取

1. 水文变异分析

从表 4-15 的水文变异诊断结果可以看出，除流域入流、湖口流量序列没有发生水文变异外，3 月湖口水位、流域降水、流域蒸发、九江流量分别在 1979 年、1977 年、2000 年、1987 年发生了跳跃变异，最早的年份为 1977 年。

2. 逐步回归分析模型构建

流域入流、湖口流量序列没有发生水文变异，其序列满足一致性要求，可以认为是随机序列。以最早的变异点 1977 年为界，之前的水文序列可以看做是均未出现水文变异的随机序列。通过实测序列构建 3 月鄱阳湖水位与 5 个影响因素之间的逐步回归分析模型

$$Y_{sw} = 5.91 + 7.04 \times 10^{-4} X_{hk} + 2.49 \times 10^{-4} X_{jj} - 2.51 \times 10^{-3} X_{js}$$
$$- 1.09 \times 10^{-2} X_{zf} - 2.92 \times 10^{-4} X_{rl} \tag{5-5}$$

利用式（5-5）预测鄱阳湖 1977 年之前 3 月水位，模型预测值及预测合格率见表 5-11。

表 5-11　　　湖口 3 月湖口水位与各影响因素逐步回归模型模拟结果

年份	实测值/m	预测值/m	误差/%	年份	实测值/m	预测值/m	误差/%
1960	8.83	8.77	−0.74	1970	10.07	10.20	1.28
1961	11.24	11.41	1.55	1971	9.06	8.97	−1.06
1962	7.95	8.30	4.45	1972	8.38	8.60	2.63
1963	6.66	7.04	5.78	1973	10.63	10.47	−1.56
1964	10.72	10.61	−1.03	1974	8.11	8.17	0.71
1965	7.49	7.39	−1.43	1975	10.19	9.84	−3.49
1966	8.44	8.55	1.34	1976	9.99	9.93	−0.59
1967	9.07	8.81	−2.85	1977	7.77	7.15	−7.99
1968	8.38	8.49	1.35	合格率（误差在 [−5%，5%] 内为合格）			89
1969	8.89	9.18	3.29				

从表 5-11 可以看出，利用逐步回归分析模型构建的鄱阳湖水位与其影响因素之间的预测模型，在允许误差 [−5%，5%] 的范围内，合格率为 89%，能够满足预测准确度的要求。

3. 随机性成分构建和确定性成分提取

以流域降水、流域蒸发、九江流量的变异点为基准，根据其跳跃变异的确定性成分，分别提取其随机性成分。湖口水位在 1977 年之前的水位序列可以认为是满足一致性要求的随机序列。依据式（5-5），利用各影响因素的随机序列，计算湖口水位1977 年以后的随机序列，则湖口水位的随机序列由 1977 年及之前的实测序列，和1977 年以后计算的随机序列构成，其确定性成分为 1977 年之后实测序列与计算的随机序列差值的均值 0.35，计算结果见表 5-12。

表 5-12　　　　　　　　　　鄱阳湖 3 月水位确定性成分计算结果表

年份	确定项/m	年份	确定项/m	年份	确定项/m	年份	确定项/m
1977 年及之前	0.00	1987	−0.33	1997	1.29	2007	0.44
1978	−0.28	1988	0.37	1998	0.72	2008	0.20
1979	−0.41	1989	1.17	1999	0.57	2009	0.24
1980	−0.32	1990	1.16	2000	0.24	2010	0.06
1981	0.15	1991	1.43	2001	0.25	2011	0.22
1982	0.15	1992	1.74	2002	0.09	2012	−0.06
1983	−0.14	1993	1.52	2003	−0.02	2013	0.36
1984	0.00	1994	0.78	2004	0.45	平均	0.35
1985	−0.35	1995	0.92	2005	0.26		
1986	−0.04	1996	0.58	2006	0.53		

5.4.2　随机性成分频率计算

由逐步回归模型模拟得到的鄱阳湖 3 月水位序列随机性成分是具有一致性的稳定序列，对于满足一致性的随机性成分可以直接采用传统的频率计算方法推求其频率分布。对于湖口站 3 月水位序列的随机性成分，假设其服从 P-Ⅲ型分布，采用有约束加权适线法计算频率曲线参数，得到均值 $\bar{x}=9.54\text{m}$，变差系数 $C_v=0.18$，偏态系数 $C_s=0.89$，理论频率曲线与样本点据的拟合效率系数 $R^2=98.65\%$；频率计算结果见表 5-13，曲线变化如图 5-5 所示。

5.4.3　非一致性水位序列合成计算

采用分布合成方法进行非一致性年径流序列的合成计算。首先根据随机性成分的统计特征进行统计试验，结合湖口站 3 月的确定性趋势成分，随机生成湖口站 3 月

表 5 - 13　　　　　　　鄱阳湖 3 月水位序列随机性成分频率计算结果表

序号	频率/%	设计值/m	序号	频率/%	设计值/m
1	0.01	19.28	16	25	10.52
2	0.02	18.61	17	30	10.23
3	0.05	17.71	18	40	9.73
4	0.1	17.01	19	50	9.29
5	0.2	16.30	20	60	8.89
6	0.5	15.34	21	70	8.50
7	1	14.58	22	75	8.30
8	1.5	14.13	23	80	8.08
9	2	13.80	24	85	7.85
10	3	13.33	25	90	7.58
11	4	12.99	26	95	7.22
12	5	12.72	27	97	7.02
13	10	11.83	28	99	6.69
14	15	11.28	29	99.5	6.53
15	20	10.86	30	99.9	6.27

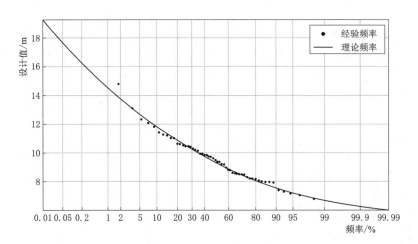

图 5 - 5　鄱阳湖 3 月水位序列随机性成分频率曲线

（$N = 5000$）年径流合成样本点据，并统计大于等于每一个样本点据的次数 n，然后用期望值公式计算每个样本点据的经验频率。采用有约束加权适线法对合成样本序列进行 P-Ⅲ型分布频率曲线计算，其中湖口站 3 月年径流考虑现状条件下合成序列的均值 $\overline{x} = 9.89$mm，变差系数 $C_v = 0.17$，$C_s = 0.89$，样本点据与频率曲线拟合的模型效率系数 $R^2 = 98.65\%$，其频率曲线如图 5-6 所示，频率计算结果见表 5-14。

表 5 - 14   鄱阳湖 3 月合成水位序列频率计算结果表

序号	频率/%	设计值/m	序号	频率/%	设计值/m
1	0.01	19.63	16	25	10.87
2	0.02	18.96	17	30	10.57
3	0.05	18.06	18	40	10.07
4	0.1	17.36	19	50	9.64
5	0.2	16.65	20	60	9.24
6	0.5	15.68	21	70	8.85
7	1	14.93	22	75	8.64
8	1.5	14.48	23	80	8.43
9	2	14.15	24	85	8.20
10	3	13.68	25	90	7.93
11	4	13.34	26	95	7.57
12	5	13.06	27	97	7.37
13	10	12.18	28	99	7.04
14	15	11.62	29	99.5	6.88
15	20	11.21	30	99.9	6.62

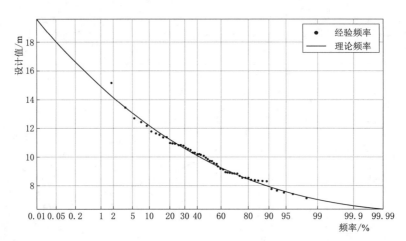

图 5 - 6   鄱阳湖 3 月合成水位序列频率曲线

5.4.4   不同时期的水位频率变化规律

随机性成分的频率计算结果可以反映过去近天然条件下水位的形成条件；确定性成分与随机性成分的合成，可以反映现状（水文变异后）径流的形成条件。上述两个时期的频率计算结果汇总见表 5 - 15。

表 5-15　　　　　　鄱阳湖 3 月水位序列不同时期的频率计算结果

序号	频率/％	过去/m	现状/m	绝对差/m	相对差/％
1	0.01	19.28	19.63	0.35	1.83
2	0.02	18.61	18.96	0.35	1.88
3	0.05	17.71	18.06	0.35	1.95
4	0.1	17.01	17.36	0.35	2.05
5	0.2	16.30	16.65	0.35	2.14
6	0.5	15.34	15.68	0.34	2.25
7	1	14.58	14.93	0.35	2.41
8	1.5	14.13	14.48	0.35	2.47
9	2	13.80	14.15	0.35	2.55
10	3	13.33	13.68	0.35	2.62
11	4	12.99	13.34	0.35	2.66
12	5	12.72	13.06	0.34	2.70
13	10	11.83	12.18	0.35	2.95
14	15	11.28	11.62	0.34	3.06
15	20	10.86	11.21	0.35	3.21
16	25	10.52	10.87	0.35	3.30
17	30	10.23	10.57	0.34	3.36
18	40	9.73	10.07	0.34	3.54
19	50	9.29	9.64	0.35	3.78
20	60	8.89	9.24	0.35	3.95
21	70	8.50	8.85	0.35	4.08
22	75	8.30	8.64	0.34	4.14
23	80	8.08	8.43	0.35	4.33
24	85	7.85	8.20	0.35	4.41
25	90	7.58	7.93	0.35	4.55
26	95	7.22	7.57	0.35	4.84
27	97	7.02	7.37	0.35	4.92
28	99	6.69	7.04	0.35	5.17
29	99.5	6.53	6.88	0.35	5.36
30	99.9	6.27	6.62	0.35	5.53

对于鄱阳湖 3 月水位而言，其变化的总体趋势是增加的，过去、现状两个时期的鄱阳湖 3 月水位均值的评价结果分别为：9.54m、9.89m。现状与过去相比水位均值相比增加 0.35m，占过去水位均值的 3.67％。

从表 5-15 可以看出，现状与过去相比较，在丰水年（频率为 0.01％～30％）、平水年（频率为 30%～60%）、枯水年（频率为 60%～99.9%），其水位减少的幅度分别为 1.83%～3.36%、3.36%～3.95% 及 3.95%～5.53%。

5.5 4 月非一致性水位频率分析

5.5.1 逐步回归分析模型构建及成分提取

1. 水文变异分析

从表 4-15 的水文变异诊断结果可以看出，流域降水、九江流量、流域入流、湖口流量序列没有发生水文变异，4 月湖口水位、流域蒸发分别在 1998 年、2003 年发生了跳跃变异，最早的年份为 1998 年。

2. 逐步回归分析模型构建

流域降水、九江流量、流域入流、湖口流量序列没有发生水文变异，其序列满足一致性要求，可以认为是随机序列。以最早的变异点 1998 年为界，之前的水文序列可以看做是均未出现水文变异的随机序列。通过实测序列构建 4 月鄱阳湖水位与 5 个影响因素之间的逐步回归分析模型

$$Y_{sw}=7.64+4.06\times10^{-4}X_{hk}+2.74\times10^{-4}X_{jj}-1.80\times10^{-3}X_{js}$$
$$-2.23\times10^{-2}X_{zf}-1.40\times10^{-4}X_{rl} \qquad (5-6)$$

利用式（5-6）预测鄱阳湖 1998 年之前 4 月水位，模型预测值及预测合格率见表 5-16。

表 5-16　　　　　湖口 4 月湖口水位与各影响因素逐步回归模型模拟结果

年份	实测值/m	预测值/m	误差/%	年份	实测值/m	预测值/m	误差/%
1960	10.93	10.91	−0.15	1972	10.68	10.92	2.25
1961	12.73	12.98	2.01	1973	13.92	13.91	−0.04
1962	10.96	11.27	2.82	1974	9.19	9.33	1.53
1963	8.43	8.86	5.08	1975	12.48	12.58	0.79
1964	13.33	13.22	−0.78	1976	12.76	12.62	−1.08
1965	11.13	11.23	0.89	1977	12.97	12.62	−2.65
1966	11.96	12.18	1.84	1978	10.14	10.05	−0.90
1967	12.56	12.68	0.99	1979	9.39	9.54	1.61
1968	13.28	13.51	1.71	1980	12.01	11.63	−3.23
1969	10.40	9.97	−4.15	1981	15.33	15.38	0.35
1970	13.48	13.55	0.47	1982	11.80	11.42	−3.18
1971	10.27	10.56	2.84	1983	13.37	13.23	−1.00

续表

年份	实测值/m	预测值/m	误差/%	年份	实测值/m	预测值/m	误差/%
1984	13.12	13.15	0.20	1992	15.75	16.17	2.66
1985	12.49	12.24	−2.00	1993	11.19	10.84	−3.19
1986	11.10	11.37	2.43	1994	12.43	12.39	−0.37
1987	11.44	11.36	−0.66	1995	12.32	12.35	0.20
1988	11.97	11.89	−0.67	1996	12.72	12.64	−0.61
1989	13.55	13.48	−0.54	1997	12.68	13.07	3.14
1990	13.51	13.02	−3.63	1998	13.63	13.42	−1.55
1991	14.09	13.94	−1.08	合格率（误差在 [−5%, 5%] 内为合格）			97.44

从表 5-16 中可以看出，利用逐步回归分析模型构建的鄱阳湖水位与其影响因素之间的预测模型，在允许误差 [−5%, 5%] 的范围内，合格率为 97.44%，能够满足预测准确度的要求。

3. 随机性成分构建和确定性成分提取

以流域蒸发的变异点为基准，根据其跳跃变异的确定性成分，分别提取其随机性成分。湖口水位在 1998 年之前的水位序列可以认为是满足一致性要求的随机序列。依据式 (5-6)，利用各影响因素的随机序列，计算湖口水位 1998 年以后的随机序列，则湖口水位的随机序列由 1998 年及之前的实测序列，和 1998 年以后计算的随机序列构成，其确定性成分为 1998 年之后实测序列与计算的随机序列差值的均值 −0.43，计算结果见表 5-17。

表 5-17　　　　　　　　　　　鄱阳湖 4 月水位确定性成分计算结果表

年份	确定项/m	年份	确定项/m	年份	确定项/m	年份	确定项/m
1998 年及之前	0.00	2003	−0.08	2008	−0.66	2013	−1.06
1999	−0.20	2004	−0.33	2009	−0.47	平均	−0.43
2000	−0.38	2005	−0.29	2010	−0.44		
2001	−0.29	2006	−0.32	2011	−0.55		
2002	−0.56	2007	−0.70	2012	−0.17		

5.5.2　随机性成分频率计算

由逐步回归模型模拟得到的鄱阳湖 4 月水位序列随机性成分是具有一致性的稳定序列，对于满足一致性的随机性成分可以直接采用传统的频率计算方法推求其频率分布。对于湖口站 4 月水位序列的随机性成分，假设其服从 P-Ⅲ型分布，采用有约束加权适线法计算频率曲线参数，得到均值 $\bar{x} = 12.04\text{m}$，变差系数 $C_v = 0.13$，偏态系数 $C_s = 0.09$，理论频率曲线与样本点据的拟合效率系数 $R^2 = 97.73\%$；频率计算结果见表 5-18，曲线变化如图 5-7 所示。

表 5-18　　　　　　鄱阳湖 4 月水位序列随机性成分频率计算结果表

序号	频率/%	设计值/m	序号	频率/%	设计值/m
1	0.01	17.70	16	25	13.07
2	0.02	17.43	17	30	12.84
3	0.05	17.05	18	40	12.43
4	0.1	16.74	19	50	12.04
5	0.2	16.42	20	60	11.66
6	0.5	15.96	21	70	11.24
7	1	15.58	22	75	11.01
8	1.5	15.34	23	80	10.76
9	2	15.17	24	85	10.46
10	3	14.90	25	90	10.09
11	4	14.70	26	95	9.54
12	5	14.54	27	97	9.18
13	10	13.99	28	99	8.50
14	15	13.62	29	99.5	8.12
15	20	13.32	30	99.9	7.34

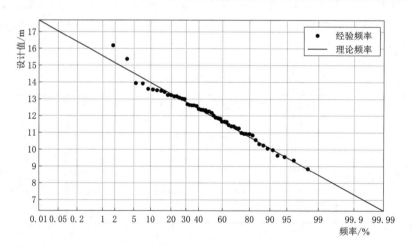

图 5-7　鄱阳湖 4 月水位序列随机性成分频率曲线

5.5.3　非一致性水位序列合成计算

采用分布合成方法进行非一致性年径流序列的合成计算。首先根据随机性成分的统计特征进行统计试验，结合湖口站 4 月的确定性趋势成分，随机生成湖口站 4 月（$N = 5000$）年径流合成样本点据，并统计大于等于每一个样本点据的次数 n，然后用期望值公式计算每个样本点据的经验频率。采用有约束加权适线法对合成样本序列进行 P-Ⅲ型分布频率曲线计算，其中湖口站 4 月年径流考虑现状条件下合成序列的均值 $\overline{x}=11.61\text{m}$，变差系数 $C_v=0.13$，$C_s=0.09$，样本点据与频率曲线拟合的模型效率系数 $R^2=97.73\%$，其频率曲线如图 5-8 所示，频率计算结果见表 5-19。

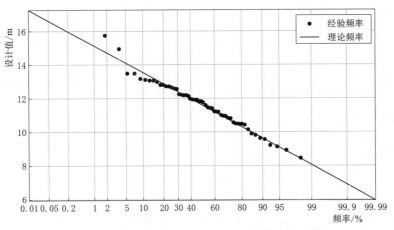

图 5-8　鄱阳湖 4 月合成水位序列频率曲线

表 5-19　　　　　　　　　　鄱阳湖 4 月合成水位序列频率计算结果表

序号	频率/%	设计值/m	序号	频率/%	设计值/m
1	0.01	17.27	16	25	12.63
2	0.02	16.99	17	30	12.41
3	0.05	16.61	18	40	11.99
4	0.1	16.31	19	50	11.61
5	0.2	15.99	20	60	11.22
6	0.5	15.53	21	70	10.81
7	1	15.15	22	75	10.58
8	1.5	14.91	23	80	10.33
9	2	14.73	24	85	10.03
10	3	14.47	25	90	9.66
11	4	14.27	26	95	9.11
12	5	14.11	27	97	8.75
13	10	13.56	28	99	8.07
14	15	13.19	29	99.5	7.69
15	20	12.89	30	99.9	6.91

5.5.4　不同时期的水位频率变化规律

随机性成分的频率计算结果可以反映过去近天然条件下水位的形成条件；确定性

成分与随机性成分的合成，可以反映现状（水文变异后）径流的形成条件。上述两个时期的频率计算结果汇总见表 5-20。

表 5-20　　　　　　　鄱阳湖 4 月水位序列不同时期的频率计算结果

序号	频率/%	过去/m	现状/m	绝对差/m	相对差/%
1	0.01	17.70	17.27	−0.43	−2.45
2	0.02	17.43	16.99	−0.44	−2.50
3	0.05	17.05	16.61	−0.44	−2.55
4	0.1	16.74	16.31	−0.43	−2.57
5	0.2	16.42	15.99	−0.43	−2.64
6	0.5	15.96	15.53	−0.43	−2.71
7	1	15.58	15.15	−0.43	−2.77
8	1.5	15.34	14.91	−0.43	−2.80
9	2	15.17	14.73	−0.44	−2.88
10	3	14.90	14.47	−0.43	−2.89
11	4	14.70	14.27	−0.43	−2.91
12	5	14.54	14.11	−0.43	−2.95
13	10	13.99	13.56	−0.43	−3.09
14	15	13.62	13.19	−0.43	−3.19
15	20	13.32	12.89	−0.43	−3.24
16	25	13.07	12.63	−0.44	−3.33
17	30	12.84	12.41	−0.43	−3.38
18	40	12.43	11.99	−0.44	−3.51
19	50	12.04	11.61	−0.43	−3.59
20	60	11.66	11.22	−0.44	−3.75
21	70	11.24	10.81	−0.43	−3.82
22	75	11.01	10.58	−0.43	−3.89
23	80	10.76	10.33	−0.43	−4.02
24	85	10.46	10.03	−0.43	−4.10
25	90	10.09	9.66	−0.43	−4.28
26	95	9.54	9.11	−0.43	−4.55
27	97	9.18	8.75	−0.43	−4.72
28	99	8.50	8.07	−0.43	−5.07
29	99.5	8.12	7.69	−0.43	−5.30
30	99.9	7.34	6.91	−0.43	−5.90

对于鄱阳湖 4 月水位而言，其变化的总体趋势是减少的，过去、现状两个时期的鄱阳湖 4 月水位均值的评价结果分别为：12.04m、11.61m。现状与过去相比水位均

值减少 0.43m，占过去水位均值的 3.57%。

从表 5-20 可以看出，现状与过去相比较，在丰水年（频率为 0.01%～30%）、平水年（频率为 30%～60%）、枯水年（频率为 60%～99.9%），其水位减少的幅度分别为 2.45%～3.38%、3.38%～3.75%及 3.75%～5.90%。

5.6　7月非一致性水位频率分析

5.6.1　逐步回归分析模型构建及成分提取

1. 水文变异分析

从表 4-15 的水文变异诊断结果可以看出，流域降水、流域入流、湖口流量序列没有发生水文变异，7 月湖口水位、流域蒸发、九江流量分别在 2003 年、1971 年、2003 年发生了跳跃变异，最早的年份为 1971 年。

2. 逐步回归分析模型构建

流域降水、流域入流、湖口流量序列没有发生水文变异，其序列满足一致性要求，可以认为是随机序列。以最早的变异点 1971 年为界，之前的水文序列可以看做是均未出现水文变异的随机序列。通过实测序列构建 7 月鄱阳湖水位与 5 个影响因素之间的逐步回归分析模型

$$Y_{sw} = 11.81 + 2.50 \times 10^{-4} X_{hk} + 1.76 \times 10^{-4} X_{jj} - 5.85 \times 10^{-3} X_{js}$$
$$- 1.59 \times 10^{-2} X_{zf} - 4.14 \times 10^{-5} X_{rl} \tag{5-7}$$

利用式（5-7）预测鄱阳湖 1971 年之前 7 月水位，模型预测值及预测合格率见表 5-21。

表 5-21　　　　湖口 7 月湖口水位与各影响因素逐步回归模型模拟结果

年份	实测值/m	预测值/m	误差/%	年份	实测值/m	预测值/m	误差/%
1960	15.99	15.90	-0.56	1967	18.09	18.11	0.16
1961	15.99	16.18	1.18	1968	19.19	19.24	0.28
1962	19.53	20.00	2.41	1969	18.93	18.64	-1.55
1963	14.39	14.74	2.48	1970	18.26	17.85	-2.27
1964	18.48	18.21	-1.50	1971	15.62	15.34	-1.82
1965	16.46	16.57	0.63	合格率（误差在 [-5%，5%] 内为合格）			100
1966	17.05	17.21	0.91				

从表 5-21 可以看出，利用逐步回归分析模型构建的鄱阳湖水位与其影响因素之间的预测模型，在允许误差 [-5%，5%] 的范围内，合格率为 100%，能够满足预测准确度的要求。

3. 随机性成分构建和确定性成分提取

以流域蒸发、九江流量的变异点为基准，根据其跳跃变异的确定性成分，分别提取其随机性成分。湖口水位在 1971 年之前的水位序列可以认为是满足一致性要求的随机序列。依据式（5-7），利用各影响因素的随机序列，计算湖口水位 1971 年以后的随机序列，则湖口水位的随机序列由 1971 年及之前的实测序列，和 1971 年以后计算的随机序列构成，其确定性成分为 1971 年之后实测序列与计算的随机序列差值的均值-0.30，计算结果见表 5-22。

表 5-22　　　　　　　　　鄱阳湖 7 月水位确定性成分计算结果表

年份	确定项/m	年份	确定项/m	年份	确定项/m	年份	确定项/m	年份	确定项/m
1971 年及之前	0.00	1980	-1.04	1989	-1.17	1998	0.16	2007	0.77
1972	-0.06	1981	-0.87	1990	-0.88	1999	-0.05	2008	0.86
1973	-0.74	1982	-0.40	1991	-1.22	2000	0.14	2009	0.33
1974	-0.81	1983	-1.42	1992	-0.96	2001	-0.12	2010	0.38
1975	-1.12	1984	-0.90	1993	-1.22	2002	-0.72	2011	0.87
1976	-0.54	1985	-0.54	1994	-0.98	2003	-0.45	2012	0.55
1977	0.01	1986	-1.06	1995	-0.09	2004	0.86	2013	0.93
1978	-0.26	1987	-0.44	1996	-0.89	2005	1.01	平均	-0.30
1979	-0.60	1988	-0.61	1997	-0.20	2006	0.78		

5.6.2　随机性成分频率计算

由逐步回归模型模拟得到的鄱阳湖 7 月水位序列随机性成分是具有一致性的稳定序列，对于满足一致性的随机性成分可以直接采用传统的频率计算方法推求其频率分布。对于湖口站 7 月水位序列的随机性成分，假设其服从 P-Ⅲ型分布，采用有约束加权适线法计算频率曲线参数，得到均值 $\bar{x} = 17.73\text{m}$，变差系数 $C_v = 0.09$，偏态系数 $C_s = 0.61$，理论频率曲线与样本点据的拟合效率系数 $R^2 = 99.26\%$；频率计算结果见表 5-23，曲线变化如图 5-9 所示。

表 5-23　　　　　　　鄱阳湖 7 月水位序列随机性成分频率计算结果表

序号	频率/%	设计值/m	序号	频率/%	设计值/m
1	0.01	26.22	6	0.5	22.99
2	0.02	25.68	7	1	22.35
3	0.05	24.95	8	1.5	21.97
4	0.1	24.38	9	2	21.69
5	0.2	23.79	10	3	21.28

续表

序号	频率/%	设计值/m	序号	频率/%	设计值/m
11	4	20.98	21	70	16.74
12	5	20.74	22	75	16.52
13	10	19.95	23	80	16.29
14	15	19.45	24	85	16.03
15	20	19.06	25	90	15.72
16	25	18.74	26	95	15.29
17	30	18.47	27	97	15.04
18	40	17.98	28	99	14.59
19	50	17.56	29	99.5	14.37
20	60	17.15	30	99.9	13.96

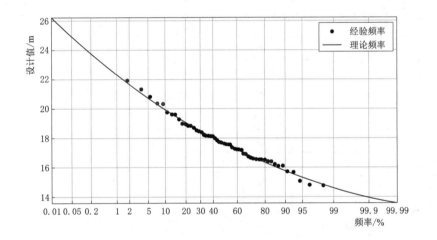

图 5-9　鄱阳湖 7 月水位序列随机性成分频率曲线

5.6.3　非一致性水位序列合成计算

采用分布合成方法进行非一致性年径流序列的合成计算。首先根据随机性成分的统计特征进行统计试验，结合湖口站 7 月的确定性趋势成分，随机生成湖口站 7 月（$N=5000$）年径流合成样本点据，并统计大于等于每一个样本点据的次数 n，然后用期望值公式计算每个样本点据的经验频率。采用有约束加权适线法对合成样本序列进行 P-Ⅲ型分布频率曲线计算，其中湖口站 7 月年径流考虑现状条件下合成序列的均值 $\overline{x}=17.43\text{mm}$，变差系数 $C_v=0.10$，$C_s=0.61$，样本点据与频率曲线拟合的模型效率系数 $R^2=99.36\%$，其频率曲线如图 5-10 所示，频率计算结果见表 5-24。

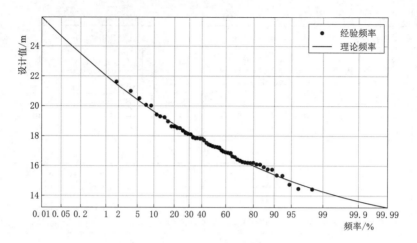

图 5 - 10　鄱阳湖 7 月合成水位序列频率曲线

表 5 - 24　　　　　　　　　　鄱阳湖 7 月合成水位序列频率计算结果表

序号	频率/%	设计值/m	序号	频率/%	设计值/m
1	0.01	25.92	16	25	18.44
2	0.02	25.38	17	30	18.16
3	0.05	24.65	18	40	17.68
4	0.1	24.08	19	50	17.25
5	0.2	23.49	20	60	16.85
6	0.5	22.69	21	70	16.44
7	1	22.05	22	75	16.22
8	1.5	21.67	23	80	15.99
9	2	21.38	24	85	15.73
10	3	20.98	25	90	15.42
11	4	20.68	26	95	14.99
12	5	20.44	27	97	14.73
13	10	19.65	28	99	14.29
14	15	19.15	29	99.5	14.07
15	20	18.76	30	99.9	13.65

5.6.4　不同时期的水位频率变化规律

随机性成分的频率计算结果可以反映过去近天然条件下水位的形成条件；确定性成分与随机性成分的合成，可以反映现状（水文变异后）径流的形成条件。上述两个时期的频率计算结果汇总见表 5 - 25。

表 5-25　　　　　　　　　　鄱阳湖 7 月水位序列不同时期的频率计算结果

序号	频率/%	过去/m	现状/m	绝对差/m	相对差/%
1	0.01	26.22	25.92	−0.30	−1.14
2	0.02	25.68	25.38	−0.30	−1.17
3	0.05	24.95	24.65	−0.30	−1.20
4	0.1	24.38	24.08	−0.30	−1.23
5	0.2	23.79	23.49	−0.30	−1.26
6	0.5	22.99	22.69	−0.30	−1.30
7	1	22.35	22.05	−0.30	−1.34
8	1.5	21.97	21.67	−0.30	−1.37
9	2	21.69	21.38	−0.30	−1.38
10	3	21.28	20.98	−0.30	−1.41
11	4	20.98	20.68	−0.30	−1.43
12	5	20.74	20.44	−0.30	−1.45
13	10	19.95	19.65	−0.30	−1.50
14	15	19.45	19.15	−0.30	−1.54
15	20	19.06	18.76	−0.30	−1.57
16	25	18.74	18.44	−0.30	−1.60
17	30	18.47	18.16	−0.30	−1.62
18	40	17.98	17.68	−0.30	−1.67
19	50	17.56	17.25	−0.30	−1.71
20	60	17.15	16.85	−0.30	−1.75
21	70	16.74	16.44	−0.30	−1.79
22	75	16.52	16.22	−0.30	−1.82
23	80	16.29	15.99	−0.30	−1.84
24	85	16.03	15.73	−0.30	−1.87
25	90	15.72	15.42	−0.30	−1.91
26	95	15.29	14.99	−0.30	−1.96
27	97	15.04	14.73	−0.30	−1.99
28	99	14.59	14.29	−0.30	−2.06
29	99.5	14.37	14.07	−0.30	−2.09
30	99.9	13.96	13.65	−0.30	−2.15

　　对于鄱阳湖 7 月水位而言，其变化的总体趋势是减少的，过去、现状两个时期的鄱阳湖 7 月水位均值的评价结果分别为：17.73m、17.43m。现状与过去相比水位均值相比减少 0.30m，占过去水位均值的 −1.75%。

　　从表 5-25 可以看出，现状与过去相比较，在丰水年（频率为 0.01% ~ 30%）、平水年（频率为 30%～60%）、枯水年（频率为 60%～99.9%），其水位减少的幅度分别为 1.14%～1.62%、1.62%～1.75% 及 1.75%～2.15%。

5.7 10月非一致性水位频率分析

5.7.1 逐步回归分析模型构建及成分提取

1. 水文变异分析

从表 4-15 的水文变异诊断结果可以看出，流域降水、流域蒸发、湖口流量序列没有发生水文变异，10 月湖口水位、流域入流、九江流量分别在 2001 年、2002 年、2003 年发生了跳跃变异，最早的年份为 2001 年。

2. 逐步回归分析模型构建

流域降水、流域蒸发、湖口流量序列没有发生水文变异，其序列满足一致性要求，可以认为是随机序列。以最早的变异点 2001 年为界，之前的水文序列可以看做是均未出现水文变异的随机序列。通过实测序列构建 10 月鄱阳湖水位与 5 个影响因素之间的逐步回归分析模型

$$Y_{sw} = 6.96 + 3.61 \times 10^{-4} X_{hk} + 2.16 \times 10^{-4} X_{jj} + 1.81 \times 10^{-3} X_{js}$$
$$+ 2.76 \times 10^{-3} X_{zf} - 1.29 \times 10^{-4} X_{rl} \tag{5-8}$$

利用式（5-8）预测鄱阳湖 2001 年之前 10 月水位，模型预测值及预测合格率见表 5-26。

表 5-26　　　湖口 10 月湖口水位与各影响因素逐步回归模型模拟结果

年份	实测值/m	预测值/m	误差/%	年份	实测值/m	预测值/m	误差/%
1960	12.63	13.01	2.95	1973	16.85	16.51	−2.03
1961	14.06	14.48	2.95	1974	16.25	16.35	0.65
1962	14.71	14.88	1.13	1975	16.36	15.70	−4.01
1963	14.81	14.70	−0.69	1976	12.97	13.43	3.55
1964	17.71	18.47	4.28	1977	13.21	12.90	−2.31
1965	15.88	16.19	1.96	1978	10.83	11.45	5.77
1966	13.24	13.52	2.13	1979	15.60	15.67	0.45
1967	14.10	13.69	−2.94	1980	16.20	15.66	−3.38
1968	16.36	16.66	1.82	1981	14.81	14.56	−1.71
1969	14.57	14.36	−1.45	1982	16.50	16.48	−0.14
1970	15.93	16.11	1.14	1983	17.70	17.14	−3.17
1971	13.73	13.68	−0.34	1984	15.62	15.49	−0.81
1972	13.14	13.42	2.11	1985	14.29	14.38	0.63

年份	实测值/m	预测值/m	误差/%	年份	实测值/m	预测值/m	误差/%
1986	12.60	12.67	0.53	1995	13.74	13.71	-0.21
1987	15.60	15.36	-1.52	1996	13.47	13.22	-1.85
1988	14.40	14.64	1.70	1997	13.07	13.58	3.91
1989	15.00	14.19	-5.35	1998	15.68	15.70	0.09
1990	14.03	14.00	-0.19	1999	15.45	15.52	0.41
1991	13.60	13.21	-2.85	2000	15.63	16.20	3.65
1992	12.06	11.84	-1.81	2001	13.68	13.99	2.23
1993	15.55	15.20	-2.30	合格率（误差在 [-5%, 5%] 内为合格）			95.24
1994	14.51	14.22	-2.00				

从表 5-26 可以看出，利用逐步回归分析模型构建的鄱阳湖水位与其影响因素之间的预测模型，在允许误差 [-5%, 5%] 的范围内，合格率为 95.24%，能够满足预测准确度的要求。

3. 随机性成分构建和确定性成分提取

以流域入流、九江流量的变异点为基准，根据其跳跃变异的确定性成分，分别提取其随机性成分。湖口水位在 2001 年之前的水位序列可以认为是满足一致性要求的随机序列。依据式 (5-8)，利用各影响因素的随机序列，计算湖口水位 2001 年以后的随机序列，则湖口水位的随机序列由 2001 年及之前的实测序列，和 2001 年以后计算的随机序列构成，其确定性成分为 2001 年之后实测序列与计算的随机序列差值的均值-2.14，计算结果见表 5-27。

表 5-27　　　　　　　鄱阳湖 10 月水位确定性成分计算结果表

年份	确定项/m	年份	确定项/m	年份	确定项/m	年份	确定项/m
2001 年及之前	0.00	2005	-2.06	2009	-2.96	2013	-2.69
2002	-0.76	2006	-3.16	2010	-1.85	平均	-2.14
2003	-0.40	2007	-2.49	2011	-2.62		
2004	-1.93	2008	-2.50	2012	-2.29		

5.7.2　随机性成分频率计算

由逐步回归模型模拟得到的鄱阳湖 10 月水位序列随机性成分是具有一致性的稳定序列，对于满足一致性的随机性成分可以直接采用传统的频率计算方法推求其频率分布。对于湖口站 10 月水位序列的随机性成分，假设其服从 P-Ⅲ型分布，采用有约束加权适线法计算频率曲线参数，得到均值 $\overline{x} = 14.59\text{m}$，变差系数 $C_v = 0.10$，偏态系数 $C_s = 0.08$，理论频率曲线与样本点据的拟合效率系数 $R^2 = 98.81\%$；频率计算结果见表 5-28，曲线变化如图 5-11 所示。

表 5-28 　　　　　　　鄱阳湖 10 月水位序列随机性成分频率计算结果表

序号	频率/%	设计值/m	序号	频率/%	设计值/m
1	0.01	20.20	16	25	15.60
2	0.02	19.93	17	30	15.38
3	0.05	19.56	18	40	14.97
4	0.1	19.25	19	50	14.59
5	0.2	18.93	20	60	14.20
6	0.5	18.48	21	70	13.79
7	1	18.10	22	75	13.57
8	1.5	17.86	23	80	13.31
9	2	17.69	24	85	13.02
10	3	17.43	25	90	12.65
11	4	17.23	26	95	12.10
12	5	17.07	27	97	11.74
13	10	16.52	28	99	11.07
14	15	16.15	29	99.5	10.69
15	20	15.86	30	99.9	9.92

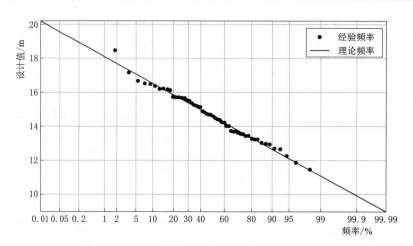

图 5-11　鄱阳湖 10 月水位序列随机性成分频率曲线

5.7.3　非一致性水位序列合成计算

采用分布合成方法进行非一致性年径流序列的合成计算。首先根据随机性成分的统计特征进行统计试验，结合湖口站 10 月的确定性趋势成分，随机生成湖口站 10 月（$N = 5000$）年径流合成样本点据，并统计大于等于每一个样本点据的次数 n，然后用期望值公式计算每个样本点据的经验频率。采用有约束加权适线法对合成样本序列进行 P-Ⅲ型分布频率曲线计算，其中湖口站 10 月年径流考虑现状条件下合成序列的均值 $\bar{x}=12.44\text{m}$，变差系数 $C_\text{v}=0.12$，$C_\text{s}=0.08$，样本点据与频率曲线拟合的模型效率系数 $R^2=98.81\%$，其频率曲线如图 5-12 所示，频率计算结果见表 5-29。

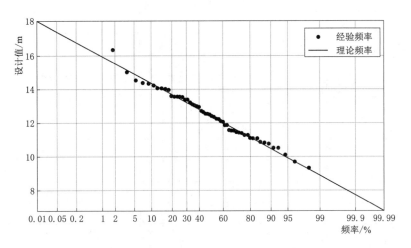

图 5-12　鄱阳湖 10 月合成水位序列频率曲线

表 5-29　　　　　　　　　　鄱阳湖 10 月合成水位序列频率计算结果表

序号	频率/%	设计值/m	序号	频率/%	设计值/m
1	0.01	18.06	16	25	13.46
2	0.02	17.79	17	30	13.23
3	0.05	17.41	18	40	12.83
4	0.1	17.11	19	50	12.44
5	0.2	16.79	20	60	12.06
6	0.5	16.33	21	70	11.65
7	1	15.96	22	75	11.42
8	1.5	15.72	23	80	11.17
9	2	15.55	24	85	10.88
10	3	15.28	25	90	10.51
11	4	15.09	26	95	9.96
12	5	14.93	27	97	9.60
13	10	14.38	28	99	8.93
14	15	14.01	29	99.5	8.55
15	20	13.71	30	99.9	7.77

5.7.4　不同时期的水位频率变化规律

随机性成分的频率计算结果可以反映过去近天然条件下水位的形成条件；确定性

成分与随机性成分的合成，可以反映现状（水文变异后）径流的形成条件。上述两个时期的频率计算结果汇总见表 5-30。

表 5-30 　　　　　　　鄱阳湖 10 月水位序列不同时期的频率计算结果

序号	频率/%	过去/m	现状/m	绝对差/m	相对差/%
1	0.01	20.20	18.06	−2.14	−10.59
2	0.02	19.93	17.79	−2.14	−10.74
3	0.05	19.56	17.41	−2.15	−10.98
4	0.1	19.25	17.11	−2.14	−11.11
5	0.2	18.93	16.79	−2.14	−11.30
6	0.5	18.48	16.33	−2.15	−11.61
7	1	18.10	15.96	−2.14	−11.84
8	1.5	17.86	15.72	2.14	−11.98
9	2	17.69	15.55	−2.14	−12.13
10	3	17.43	15.28	−2.15	−12.31
11	4	17.22	15.00	−2.14	12.44
12	5	17.07	14.93	−2.14	−12.55
13	10	16.52	14.38	−2.14	−12.96
14	15	16.15	14.01	−2.14	−13.26
15	20	15.86	13.71	−2.15	−13.53
16	25	15.60	13.46	−2.14	−13.71
17	30	15.38	13.23	−2.15	−13.95
18	40	14.97	12.83	−2.14	−14.33
19	50	14.59	12.44	−2.15	−14.72
20	60	14.20	12.06	−2.14	−15.07
21	70	13.79	11.65	−2.14	−15.51
22	75	13.57	11.42	−2.15	−15.81
23	80	13.31	11.17	−2.14	−16.07
24	85	13.02	10.88	−2.14	−16.46
25	90	12.65	10.51	−2.14	−16.94
26	95	12.10	9.96	−2.14	−17.70
27	97	11.74	9.60	−2.14	−18.21
28	99	11.07	8.93	−2.14	−19.34
29	99.5	10.69	8.55	−2.14	−20.00
30	99.9	9.92	7.77	−2.15	−21.62

对于鄱阳湖 10 月水位而言，其变化的总体趋势是减少的，过去、现状两个时期的鄱阳湖 10 月水位均值的评价结果分别为：14.59m、12.44m。现状与过去相比水位

均值相比减少 2.15m，占过去水位均值的 14.74%。

从表 5-30 可以看出，现状与过去相比较，在丰水年（频率为 0.01%～30%）、平水年（频率为 30%～60%）、枯水年（频率为 60%～99.9%），其水位减少的幅度分别为 10.59%～13.95%、13.95%～15.07% 及 15.07%～21.62%。

5.8　11月非一致性水位频率分析

5.8.1　逐步回归分析模型构建及成分提取

1. 水文变异分析

从表 4-15 的水文变异诊断结果可以看出，流域降水、流域蒸发、流域入流、湖口流量、九江流量序列均没有发生水文变异，11月湖口水位在 2002 年发生了跳跃变异。

2. 逐步回归分析模型构建

流域降水、流域蒸发、流域入流、湖口流量、九江流量序列没有发生水文变异，其序列满足一致性要求，可以认为是随机序列。以最早的变异点 2002 年为界，之前的水文序列可以看做是均未出现水文变异的随机序列。通过实测序列构建 11 月鄱阳湖水位与 5 个影响因素之间的逐步回归分析模型

$$Y_{sw} = 6.61 + 5.13 \times 10^{-4} X_{hk} + 2.55 \times 10^{-4} X_{jj} - 7.14 \times 10^{-4} X_{js}$$
$$- 8.77 \times 10^{-3} X_{zf} - 2.84 \times 10^{-4} X_{rl} \tag{5-9}$$

利用式（5-9）预测鄱阳湖 2002 年之前 11 月水位，模型预测值及预测合格率见表 5-31。

表 5-31　　　湖口 11 月湖口水位与各影响因素逐步回归模型模拟结果

年份	实测值/m	预测值/m	误差/%	年份	实测值/m	预测值/m	误差/%
1960	10.08	10.39	3.09	1970	12.29	12.18	−0.97
1961	13.45	13.50	0.40	1971	11.02	11.02	0.00
1962	12.06	12.14	0.63	1972	13.25	13.00	−1.88
1963	11.82	11.91	0.71	1973	12.37	11.93	−3.53
1964	14.83	15.25	2.85	1974	11.41	11.37	−0.36
1965	13.35	13.17	−1.33	1975	14.38	13.98	−2.75
1966	10.64	10.74	1.02	1976	12.30	12.58	2.25
1967	11.59	11.48	−0.96	1977	12.00	11.19	−6.72
1968	12.01	12.05	0.35	1978	9.93	10.46	5.27
1969	12.85	12.73	−0.96	1979	9.92	10.13	2.14

续表

年份	实测值/m	预测值/m	误差/%	年份	实测值/m	预测值/m	误差/%
1980	13.25	12.97	−2.06	1992	9.40	9.48	0.85
1981	12.77	12.47	−2.38	1993	13.16	12.89	−2.02
1982	13.83	13.51	−2.27	1994	11.27	11.53	2.37
1983	14.81	14.95	0.95	1995	10.93	11.05	1.15
1984	10.93	10.89	−0.34	1996	12.25	12.01	−2.01
1985	11.45	11.35	−0.89	1997	10.44	10.65	2.02
1986	10.80	10.88	0.68	1998	10.73	10.75	0.18
1987	13.34	13.31	−0.23	1999	12.72	12.84	0.94
1988	11.13	11.15	0.21	2000	14.14	15.02	6.20
1989	14.14	13.62	−3.69	2001	11.52	12.11	5.09
1990	12.74	12.55	−1.48	2002	12.47	12.71	1.95
1991	10.08	9.95	−1.31	合格率（误差在 [−5%，5%] 内为合格）			90.70

从表 5−31 可以看出，利用逐步回归分析模型构建的鄱阳湖水位与其影响因素之间的预测模型，在允许误差 [−5%，5%] 的范围内，合格率为 90.70%，能够满足预测准确度的要求。

3. 随机性成分构建和确定性成分提取

湖口水位在 2002 年之前的水位序列可以认为是满足一致性要求的随机序列。依据式（5−9），利用各影响因素的随机序列，计算湖口水位 2002 年以后的随机序列，则湖口水位的随机序列由 2002 年及之前的实测序列和 2002 年以后计算的随机序列构成，其确定性成分为 2002 年之后实测序列与计算的随机序列差值的均值−0.69，计算结果见表 5−32。

表 5−32　　　　　　　　鄱阳湖 11 月水位确定性成分计算结果表

年份	确定项/m	年份	确定项/m	年份	确定项/m	年份	确定项/m	年份	确定项/m
2002 年及之前	0.00	2005	−0.48	2008	−0.45	2011	−0.72	平均	−0.69
2003	−0.79	2006	−0.70	2009	−1.08	2012	−0.22		
2004	−0.38	2007	−0.79	2010	−0.61	2013	−1.37		

5.8.2　随机性成分频率计算

由逐步回归模型模拟得到的鄱阳湖 11 月水位序列随机性成分是具有一致性的稳定序列，对于满足一致性的随机性成分可以直接采用传统的频率计算方法推求其频率分布。对于湖口站 11 月水位序列的随机性成分，假设其服从 P−Ⅲ型分布，采用有约束加权适线法计算频率曲线参数，得到均值 $\bar{x}=11.83m$，变差系数 $C_v=0.13$，偏态

系数 $C_s=0.55$，理论频率曲线与样本点据的拟合效率系数 $R^2=99.15\%$；频率计算结果见表 5-33，曲线变化如图 5-13 所示。

表 5-33　　　　　　鄱阳湖 11 月水位序列随机性成分频率计算结果表

序号	频率/%	设计值/m	序号	频率/%	设计值/m
1	0.01	19.43	16	25	12.78
2	0.02	18.95	17	30	12.52
3	0.05	18.31	18	40	12.08
4	0.1	17.81	19	50	11.69
5	0.2	17.29	20	60	11.31
6	0.5	16.58	21	70	10.93
7	1	16.02	22	75	10.73
8	1.5	15.67	23	80	10.51
9	2	15.42	24	85	10.27
10	3	15.06	25	90	9.97
11	4	14.79	26	95	9.56
12	5	14.58	27	97	9.32
13	10	13.87	28	99	8.88
14	15	13.41	29	99.5	8.66
15	20	13.07	30	99.9	8.25

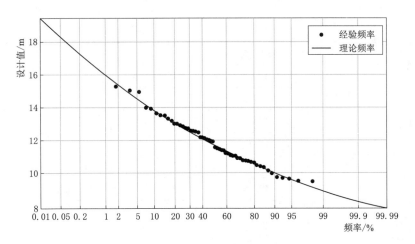

图 5-13　鄱阳湖 11 月水位序列随机性成分频率曲线

5.8.3　非一致性水位序列合成计算

采用分布合成方法进行非一致性年径流序列的合成计算。首先根据随机性成分的统计特征进行统计试验，结合湖口站 11 月的确定性趋势成分，随机生成湖口站 11

月（$N=5000$）年径流合成样本点据，并统计大于等于每一个样本点据的次数 n，然后用期望值公式计算每个样本点据的经验频率。采用有约束加权适线法对合成样本序列进行 P-Ⅲ型分布频率曲线计算，其中湖口站 11 月年径流考虑现状条件下合成序列的均值 $\overline{x}=11.14\text{m}$，变差系数 $C_v=0.14$，$C_s=0.55$，样本点据与频率曲线拟合的模型效率系数 $R^2=99.15\%$，其频率曲线如图 5-14 所示，频率计算结果见表 5-34。

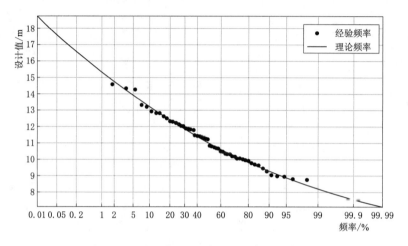

图 5-14　鄱阳湖 11 月合成水位序列频率曲线

表 5-34　　　　　　　　　鄱阳湖 11 月合成水位序列频率计算结果表

序号	频率/%	设计值/m	序号	频率/%	设计值/m
1	0.01	18.74	16	25	12.08
2	0.02	18.26	17	30	11.83
3	0.05	17.62	18	40	11.39
4	0.1	17.12	19	50	11.00
5	0.2	16.60	20	60	10.62
6	0.5	15.89	21	70	10.24
7	1	15.33	22	75	10.04
8	1.5	14.98	23	80	9.82
9	2	14.73	24	85	9.58
10	3	14.37	25	90	9.28
11	4	14.10	26	95	8.87
12	5	13.89	27	97	8.63
13	10	13.18	28	99	8.19
14	15	12.72	29	99.5	7.97
15	20	12.37	30	99.9	7.56

5.8.4 不同时期的水位频率变化规律

随机性成分的频率计算结果可以反映过去近天然条件下水位的形成条件；确定性成分与随机性成分的合成，可以反映现状（水文变异后）径流的形成条件。上述两个时期的频率计算结果汇总见表5-35。

表5-35 鄱阳湖11月水位序列不同时期的频率计算结果

序号	频率/%	过去/m	现状/m	绝对差/m	相对差/%
1	0.01	19.43	18.74	−0.69	−3.57
2	0.02	18.95	18.26	−0.69	−3.63
3	0.05	18.31	17.62	−0.69	−3.77
4	0.1	17.81	17.12	−0.69	−3.89
5	0.2	17.29	16.60	−0.69	−3.99
6	0.5	16.58	15.89	−0.69	−4.16
7	1	16.02	15.33	−0.69	−4.34
8	1.5	15.67	14.98	−0.69	−4.39
9	2	15.42	14.73	−0.69	−4.46
10	3	15.06	14.37	−0.69	−4.60
11	4	14.79	14.10	−0.69	−4.67
12	5	14.58	13.89	−0.69	−4.76
13	10	13.87	13.18	−0.69	−4.99
14	15	13.41	12.72	−0.69	−5.12
15	20	13.07	12.37	−0.70	−5.32
16	25	12.78	12.08	−0.70	−5.44
17	30	12.52	11.83	−0.69	−5.50
18	40	12.08	11.39	−0.69	−5.71
19	50	11.69	11.00	−0.69	−5.93
20	60	11.31	10.62	−0.69	−6.08
21	70	10.93	10.24	−0.69	−6.30
22	75	10.73	10.04	−0.69	−6.44
23	80	10.51	9.82	−0.69	−6.56
24	85	10.27	9.58	−0.69	−6.76
25	90	9.97	9.28	−0.69	−6.91
26	95	9.56	8.87	−0.69	−7.19
27	97	9.32	8.63	−0.69	−7.46
28	99	8.88	8.19	−0.69	−7.73
29	99.5	8.66	7.97	−0.69	−7.95
30	99.9	8.25	7.56	−0.69	−8.39

对于鄱阳湖 11 月水位而言，其变化的总体趋势是减少的，过去、现状两个时期的鄱阳湖 11 月水位均值的评价结果分别为：11.83m、11.14m。现状与过去相比水位均值减少 0.69m，占过去水位均值的 5.83%。

从表 5-35 可以看出，现状与过去相比较，在丰水年（频率为 0.01%~30%）、平水年（频率为 30%~60%）、枯水年（频率为 60%~99.9%），其水位减少的幅度分别为 3.57%~5.50%、5.50%~6.08% 及 6.08%~8.39%。

5.9 年均非一致性水位频率分析

5.9.1 逐步回归分析模型构建及成分提取

1. 水文变异分析

从表 4-15 的水文变异诊断结果可以看出，年均流域降水、流域入流、九江流量、湖口流量、流域蒸发序列没有发生水文变异，湖口水位在 2003 年发生了跳跃变异，年份为 2003 年。

2. 逐步回归分析模型构建

流域降水、流域入流、九江流量、湖口流量、流域蒸发序列没有发生水文变异，其序列满足一致性要求，可以认为是随机序列。以变异点 2003 年为界，之前的水文序列可以看做是均未出现水文变异的随机序列。通过实测序列构建鄱阳湖年均水位与 5 个影响因素时间序列之间的逐步回归分析模型

$$Y_{sw} = 7.88 + 7.05 \times 10^{-4} X_{hk} + 2.46 \times 10^{-4} X_{jj} - 1.94 \times 10^{-3} X_{js}$$
$$- 1.93 \times 10^{-2} X_{zf} - 5.76 \times 10^{-4} X_{rl} \tag{5-10}$$

利用式（5-10）预测鄱阳湖 2003 年之前鄱阳湖年均水位，模型预测值及预测合格率见表 5-36。

表 5-36　　　　　湖口年均湖口水位与各影响因素逐步回归模型模拟结果

年份	实测值/m	预测值/m	误差/%	年份	实测值/m	预测值/m	误差/%
1960	11.60	11.65	0.46	1968	12.97	13.04	0.47
1961	12.83	12.74	−0.71	1969	12.78	12.58	−1.50
1962	12.94	13.15	1.65	1970	13.61	13.26	−2.60
1963	11.65	11.64	−0.10	1971	11.71	11.57	−1.19
1964	13.89	13.79	−0.71	1972	11.41	11.22	−1.66
1965	12.63	12.64	0.12	1973	14.26	13.73	−3.66
1966	11.83	11.81	−0.11	1974	12.58	12.44	−1.17
1967	12.71	12.77	0.49	1975	14.05	13.42	−4.47

续表

年份	实测值/m	预测值/m	误差/%	年份	实测值/m	预测值/m	误差/%
1976	12.70	12.28	−3.34	1991	13.40	12.89	−3.80
1977	13.00	13.00	0.02	1992	12.73	12.15	−4.58
1978	11.21	10.95	−2.37	1993	13.57	13.34	−1.71
1979	11.47	11.42	−0.48	1994	12.94	12.36	−4.45
1980	13.61	13.34	−2.00	1995	13.51	13.50	−0.04
1981	13.10	12.54	−4.29	1996	12.96	12.88	−0.62
1982	13.69	13.25	−3.29	1997	12.55	12.42	−1.01
1983	14.85	14.45	−2.67	1998	15.14	15.65	3.33
1984	12.97	12.74	−1.73	1999	13.42	14.01	4.40
1985	12.74	12.37	−2.90	2000	12.97	13.31	2.63
1986	11.57	11.41	−1.41	2001	12.34	12.41	0.52
1987	12.54	12.40	−1.13	2002	13.33	13.72	2.88
1988	12.42	12.00	−3.32	2003	13.07	13.28	1.57
1989	13.90	13.44	−3.30	合格率（误差在［−5%，5%］内为合格）			100
1990	13.38	12.73	−4.89				

从表 5 - 36 可以看出，利用逐步回归分析模型构建的鄱阳湖水位与其影响因素之间的预测模型，在允许误差［−5%，5%］的范围内，合格率为 100%，能够满足预测准确度的要求。

3. 随机性成分构建和确定性成分提取

以变异点为基准，根据其跳跃变异的确定性成分，提取其随机性成分。湖口水位在 2003 年之前的水位序列可以认为是满足一致性要求的随机序列。依据式（5 - 10），利用各影响因素的随机序列，计算湖口水位 2003 年以后的随机序列，则湖口水位的随机序列由 2003 年及之前的实测序列，和 2003 年以后计算的随机序列构成，其确定性成分为 2003 年之后实测序列与计算的随机序列差值的均值−0.13，计算结果见表 5 - 37。

表 5 - 37　　　　　　　鄱阳湖年平均水位确定性成分计算结果表

年份	确定项/m	年份	确定项/m	年份	确定项/m	年份	确定项/m
2003 年及之前	0.00	2006	−0.04	2009	−0.15	2012	−0.01
2004	−0.17	2007	−0.32	2010	0.11	2013	−0.33
2005	−0.06	2008	−0.11	2011	−0.22	平均	−0.13

5.9.2　随机性成分频率计算

由逐步回归模型模拟得到的鄱阳湖年均水位序列随机性成分是具有一致性的稳定

序列，对于满足一致性的随机性成分可以直接采用传统的频率计算方法推求其频率分布。对于湖口站年均水位序列的随机性成分，假设其服从 P-Ⅲ 型分布，采用有约束加权适线法计算频率曲线参数，得到均值 $\overline{x}=12.78\text{m}$、变差系数 $C_v=0.07$，$C_s=0.35$，样本点据与频率曲线拟合的模型效率系数 $R^2=97.10\%$，频率计算结果见表 5-38，曲线变化如图 5-15 所示。

表 5-38　　　　　　鄱阳湖年平均水位序列随机性成分频率计算结果表

序号	频率/%	设计值/m	序号	频率/%	设计值/m
1	0.01	17.07	16	25	13.39
2	0.02	16.82	17	30	13.24
3	0.05	16.48	18	40	12.97
4	0.1	16.22	19	50	12.73
5	0.2	15.94	20	60	12.49
6	0.5	15.56	21	70	12.24
7	1	15.25	22	75	12.11
8	1.5	15.06	23	80	11.97
9	2	14.92	24	85	11.80
10	3	14.72	25	90	11.60
11	4	14.57	26	95	11.31
12	5	14.44	27	97	11.13
13	10	14.04	28	99	10.81
14	15	13.77	29	99.5	10.64
15	20	13.57	30	99.9	10.30

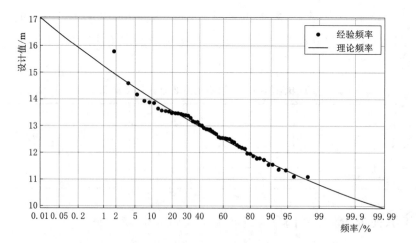

图 5-15　鄱阳湖年平均水位序列随机性成分频率曲线

5.9.3 非一致性水位序列合成计算

采用分布合成方法进行非一致性年径流序列的合成计算。首先根据随机性成分的统计特征进行统计试验，结合湖口站年均径流序列的确定性趋势成分，随机生成湖口站年均（$N=5000$）年径流合成样本点据，并统计大于等于每一个样本点据的次数 n，然后用期望值公式计算每个样本点据的经验频率。采用有约束加权适线法对合成样本序列进行 P-Ⅲ 型分布频率曲线计算，其中湖口站年均径流考虑现状条件下合成序列的均值 $\overline{x}=12.66\mathrm{m}$，变差系数 $C_{\mathrm{v}}=0.08$，偏态系数 $C_{\mathrm{s}}=0.35$，理论频率曲线与样本点据的拟合效率系数 $R^2=97.10\%$；其频率曲线如图 5-16 所示，频率计算结果见表 5-39。

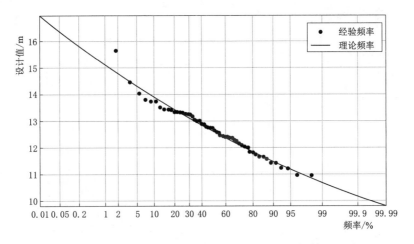

图 5-16　鄱阳湖年平均合成水位序列频率曲线

表 5-39　　　　　　　　　　鄱阳湖年平均合成水位序列频率计算结果表

序号	频率/%	设计值/m	序号	频率/%	设计值/m
1	0.01	16.94	12	5	14.32
2	0.02	16.69	13	10	13.91
3	0.05	16.36	14	15	13.65
4	0.1	16.09	15	20	13.44
5	0.2	15.81	16	25	13.27
6	0.5	15.43	17	30	13.12
7	1	15.12	18	40	12.85
8	1.5	14.93	19	50	12.60
9	2	14.79	20	60	12.36
10	3	14.59	21	70	12.12
11	4	14.44	22	75	11.99

续表

序号	频率/%	设计值/m	序号	频率/%	设计值/m
23	80	11.84	27	97	11.01
24	85	11.68	28	99	10.68
25	90	11.47	29	99.5	10.51
26	95	11.19	30	99.9	10.17

5.9.4 不同时期的水位频率变化规律

随机性成分的频率计算结果可以反映过去近天然条件下水位的形成条件；确定性成分与随机性成分的合成，可以反映现状（水文变异后）径流的形成条件。上述两个时期的频率计算结果汇总见表 5 - 40。

表 5 - 40 　　　　　　　　　鄱阳湖年均水位序列不同时期的频率计算结果

序号	频率/%	过去/m	现状/m	绝对差/m	相对差/%
1	0.01	17.07	16.94	−0.13	−0.76
2	0.02	16.82	16.69	−0.13	−0.77
3	0.05	16.48	16.36	−0.13	−0.79
4	0.1	16.22	16.09	−0.13	−0.80
5	0.2	15.94	15.81	−0.13	−0.82
6	0.5	15.56	15.43	−0.13	−0.84
7	1	15.25	15.12	−0.13	−0.85
8	1.5	15.06	14.93	−0.13	−0.86
9	2	14.92	14.79	−0.13	−0.87
10	3	14.72	14.59	−0.13	−0.88
11	4	14.57	14.44	−0.13	−0.89
12	5	14.44	14.32	−0.13	−0.90
13	10	14.04	13.91	−0.13	−0.93
14	15	13.77	13.65	−0.13	−0.94
15	20	13.57	13.44	−0.13	−0.96
16	25	13.39	13.27	−0.13	−0.97
17	30	13.24	13.12	−0.13	−0.98
18	40	12.97	12.85	−0.13	−1.00
19	50	12.73	12.60	−0.13	−1.02
20	60	12.49	12.36	−0.13	−1.04
21	70	12.24	12.12	−0.13	−1.06
22	75	12.11	11.99	−0.13	−1.07

序号	频率/%	过去/m	现状/m	绝对差/m	相对差/%
23	80	11.97	11.84	−0.13	−1.09
24	85	11.80	11.68	−0.13	−1.10
25	90	11.60	11.47	−0.13	−1.12
26	95	11.31	11.19	−0.13	−1.15
27	97	11.13	11.01	−0.13	−1.17
28	99	10.81	10.68	−0.13	−1.20
29	99.5	10.64	10.51	−0.13	−1.22
30	99.9	10.30	10.17	−0.13	−1.26

对于鄱阳湖年均水位而言，其变化的总体趋势是减少的，过去、现状两个时期的鄱阳湖年平均水位均值的评价结果分别为：12.78m、12.66m。现状与过去相比水位均值相比减少0.13m，占过去水位均值的1.02%。

从表5-40可以看出，现状与过去相比较，在丰水年（频率为0.01%～30%）、平水年（频率为30%～60%）、枯水年（频率为60%～99.9%），其水位较少的幅度分别为0.76%～0.98%、0.98%～1.04%及1.04%～1.26%。

5.10 其他月份水位序列频率计算

由水文变异诊断结果可以得出，鄱阳湖5月、6月、8月、9月、12月水位序列不存在显著变异成分，其原序列均满足一致性要求，可以直接采用传统的频率计算方法推求其频率分布。

5.10.1 5月水位序列频率计算

假设鄱阳湖5月水位序列服从P-Ⅲ型分布，采用有约束加权适线法计算P-Ⅲ型频率曲线的参数。计算得年径流序列的均值$\overline{x}=14.24$mm，变差系数$C_v=0.13$，偏态系数$C_s=0.01$，样本点据与P-Ⅲ型曲线拟合的模型效率系数$R^2=97.78\%$，其频率曲线如图5-17所示，频率计算结果见表5-41。

表5-41　　　鄱阳湖5月水位序列随机性成分频率计算结果表

序号	频率/%	设计值/m	序号	频率/%	设计值/m
1	0.01	20.95	5	0.2	19.43
2	0.02	20.63	6	0.5	18.89
3	0.05	20.18	7	1	18.44
4	0.1	19.82	8	1.5	18.16

续表

序号	频率/%	设计值/m	序号	频率/%	设计值/m
9	2	17.95	20	60	13.79
10	3	17.64	21	70	13.30
11	4	17.40	22	75	13.03
12	5	17.21	23	80	12.73
13	10	16.55	24	85	12.37
14	15	16.11	25	90	11.93
15	20	15.76	26	95	11.28
16	25	15.46	27	97	10.85
17	30	15.19	28	99	10.05
18	40	14.70	29	99.5	9.60
19	50	14.24	30	99.9	8.67

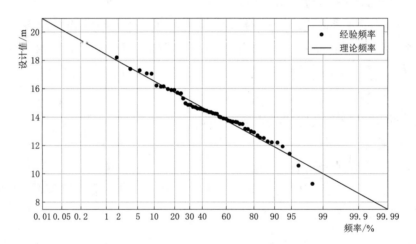

图 5-17　鄱阳湖 5 月水位序列随机性成分频率曲线

5.10.2　6 月水位序列频率计算

假设鄱阳湖 6 月水位序列服从 P-Ⅲ型分布，采用有约束加权适线法计算 P-Ⅲ型频率曲线的参数。计算得年径流序列的均值 $\overline{x}=15.79\text{mm}$，变差系数 $C_v=0.10$，偏态系数 $C_s=0.20$，样本点据与 P-Ⅲ型曲线拟合的模型效率系数 $R^2=98.21\%$，其频率曲线如图 5-18 所示，频率计算结果见表 5-42。

表 5-42　　　　　　鄱阳湖 6 月水位序列随机性成分频率计算结果表

序号	频率/%	设计值/m	序号	频率/%	设计值/m
1	0.01	22.07	3	0.05	21.26
2	0.02	21.73	4	0.1	20.90

续表

序号	频率/%	设计值/m	序号	频率/%	设计值/m
5	0.2	20.51	18	40	16.12
6	0.5	19.97	19	50	15.74
7	1	19.53	20	60	15.36
8	1.5	19.26	21	70	14.96
9	2	19.06	22	75	14.74
10	3	18.76	23	80	14.50
11	4	18.54	24	85	14.22
12	5	18.36	25	90	13.88
13	10	17.76	26	95	13.38
14	15	17.36	27	97	13.07
15	20	17.05	28	99	12.48
16	25	16.78	29	99.5	12.16
17	30	16.54	30	99.9	11.53

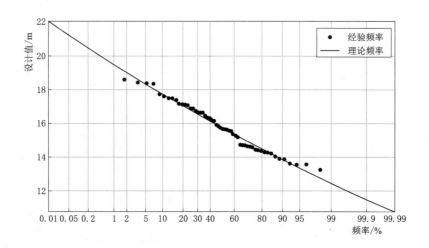

图 5-18 鄱阳湖 6 月水位序列随机性成分频率曲线

5.10.3 8 月水位序列频率计算

假设鄱阳湖 8 月水位序列服从 P-Ⅲ型分布，采用有约束加权适线法计算 P-Ⅲ型频率曲线的参数。计算得年径流序列的均值 $\overline{x}=16.61\text{mm}$，变差系数 $C_v=0.12$，偏态系数 $C_s=0.06$，样本点据与 P-Ⅲ型曲线拟合的模型效率系数 $R^2=98.24\%$，其频率曲线如图 5-19 所示，频率计算结果见表 5-43。

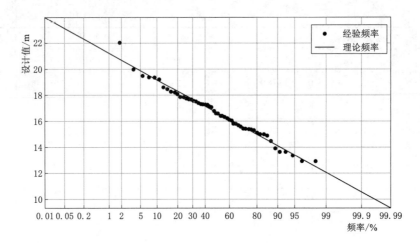

图 5-19　鄱阳湖 8 月水位序列随机性成分频率曲线

表 5-43　　　　　　　鄱阳湖 8 月水位序列随机性成分频率计算结果表

序号	频率/%	设计值/m	序号	频率/%	设计值/m
1	0.01	23.93	16	25	17.94
2	0.02	23.57	17	30	17.64
3	0.05	23.08	18	40	17.11
4	0.1	22.69	19	50	16.61
5	0.2	22.27	20	60	16.11
6	0.5	21.68	21	70	15.58
7	1	21.19	22	75	15.28
8	1.5	20.88	23	80	14.96
9	2	20.65	24	85	14.57
10	3	20.31	25	90	14.09
11	4	20.05	26	95	13.38
12	5	19.85	27	97	12.91
13	10	19.13	28	99	12.04
14	15	18.65	29	99.5	11.55
15	20	18.27	30	99.9	10.53

5.10.4　9 月水位序列频率计算

　　假设鄱阳湖 9 月水位序列服从 P-Ⅲ型分布,采用有约束加权适线法计算 P-Ⅲ型频率曲线的参数。计算得年径流序列的均值 $\overline{x}=15.76\text{mm}$,变差系数 $C_v=0.13$,偏态系数 $C_s=0.01$,样本点据与 P-Ⅲ型曲线拟合的模型效率系数 $R^2=96.09\%$,其频率曲线如图 5-20 所示,频率计算结果见表 5-44。

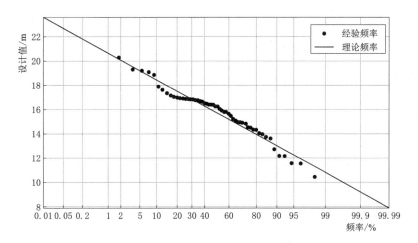

图 5-20　鄱阳湖 9 月水位序列随机性成分频率曲线

表 5-44　　　　　　　　　　　鄱阳湖 9 月水位序列随机性成分频率计算结果表

序号	频率/%	设计值/m	序号	频率/%	设计值/m
1	0.01	23.60	16	25	17.19
2	0.02	23.22	17	30	16.87
3	0.05	22.70	18	40	16.30
4	0.1	22.28	19	50	15.76
5	0.2	21.83	20	60	15.23
6	0.5	21.19	21	70	14.66
7	1	20.67	22	75	14.34
8	1.5	20.34	23	80	13.99
9	2	20.09	24	85	13.58
10	3	19.73	25	90	13.06
11	4	19.45	26	95	12.30
12	5	19.23	27	97	11.80
13	10	18.46	28	99	10.86
14	15	17.95	29	99.5	10.34
15	20	17.54	30	99.9	9.25

5.10.5　12 月水位序列频率计算

假设鄱阳湖 12 月水位序列服从 P-Ⅲ型分布，采用有约束加权适线法计算 P-Ⅲ型频率曲线的参数。计算得年径流序列的均值 $\overline{x}=9.21\text{mm}$，变差系数 $C_v=0.13$，偏态系数 $C_s=0.69$，样本点据与 P-Ⅲ型曲线拟合的模型效率系数 $R^2=99.35\%$，其频率曲线如图 5-21 所示，频率计算结果见表 5-45。

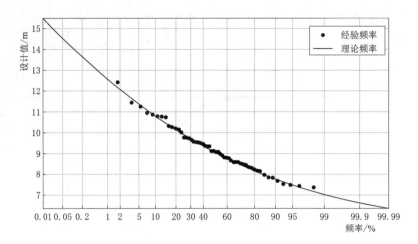

图 5-21 鄱阳湖 12 月水位序列随机性成分频率曲线

表 5-45 　　　　　　　　　鄱阳湖 12 月水位序列随机性成分频率计算结果表

序号	频率/%	设计值/m	序号	频率/%	设计值/m
1	0.01	15.51	16	25	9.92
2	0.02	15.09	17	30	9.72
3	0.05	14.54	18	40	9.37
4	0.1	14.11	19	50	9.07
5	0.2	13.66	20	60	8.78
6	0.5	13.06	21	70	8.49
7	1	12.58	22	75	8.34
8	1.5	12.29	23	80	8.18
9	2	12.09	24	85	8.00
10	3	11.78	25	90	7.79
11	4	11.56	26	95	7.50
12	5	11.38	27	97	7.33
13	10	10.80	28	99	7.04
14	15	10.43	29	99.5	6.90
15	20	10.15	30	99.9	6.64

5.11 频率计算结果汇总

将鄱阳湖湖口站逐月及年平均水位序列的频率计算结果进行汇总，见表 5-46。

表 5 - 46　　　　　　　鄱阳湖逐月及年平均合成水位序列频率计算参数表

月份	均值 $\overline{x}$ /m	与过去相比增加/m	不同频率区间变化幅度绝对值		
			0.01%～30%	30%～60%	60%～99.9%
1	8.14	0.17	1.01%～2.00%	2.00%～2.34%	2.34%～2.6%
2	8.58	0.6	3.93%～7.06%	7.06%～8.02%	8.02%～11.15%
3	9.89	0.35	1.83%～3.36%	3.36%～3.95%	3.95%～5.53%
4	11.61	−0.43	2.45%～3.38%	3.38%～3.75%	3.75%～5.90%
5	14.24	—	—	—	—
6	15.79	—	—	—	—
7	17.42	−0.31	1.14%～1.62%	1.62%～1.75%	1.75%～2.15%
8	16.61	—	—	—	—
9	15.76	—	—	—	—
10	12.44	−2.15	10.59%～13.95%	13.95%～15.07%	15.07%～21.62%
11	11.83	−0.69	3.57%～5.50%	5.50%～6.08%	6.08%～8.39%
12	9.21	—	—	—	—
年均	12.66	−0.13	0.76%～0.98%	0.98%～1.04%	1.04%～1.26%

注："—"表示未出现变异的月份，不存在同比的增值和变化幅度。

从表 5 - 46 可以看出，水位序列均值最低的月份为 1 月，最高的月份为 7 月，频率计算的均值变化，与实测水位序列变化规律一致。逐月及年平均水位序列频率计算结果的效率拟合系数均超过了 90%，说明拟合效果较好。出现变异的月份，不同频率区间的变化幅度不尽相同，总体而言，频率越大，变化幅度越大，且多数出现变化的月份，整体变化幅度不大；变化幅度最大的月份为 10 月，最小变幅已经超过 10%，最高变幅为 21.6%，其次为 2 月最大。

对出现变异的月份，采用基于逐步回归分析的非一致性频率方法所得出的频率计算结果，为后续鄱阳湖生态水位的确定以及演变规律分析、提出适应性对策等奠定基础。

5.12　本章小结

本章提出了逐步回归分析模型的构建过程，该模型弥补了统计途径分析方法在物理成因分析上的缺陷，同时保留其构建过程简单的特点。基于逐步回归分析模型，提出了非一致性频率计算方法，并对鄱阳湖出现变异月份的水位进行了频率分析和计算，通过提取水位序列的随机性成分和确定性成分，得出水位变异前后，不同频率对应的鄱阳湖水位及其变化情况。

第 6 章

变化环境下鄱阳湖生态水位

不存在变异的水位序列，可以通过频率计算来确定生态水位。有变异的水位序列，通过基于逐步回归分析的非一致性水文频率计算，能够得出过去、现状条件下生态水位的变化情况，有利于理解环境变化对生态水位带来的影响。

在计算方法上，参考水文变化指标法，基于湖口站不同时间尺度天然水位序列进行频率计算，选用 $P=25\%$ 作为鄱阳湖生态水位的上限，选用 $P=75\%$ 作为鄱阳湖生态水位的下限。将其作为变化环境下不同时间尺度和空间尺度的生态水位区间。通过对比过去和现状条件下生态水位的上、下限，可以得出变化环境下鄱阳湖非一致性生态水位的演变规律。

6.1 非一致性鄱阳湖生态水位

6.1.1 基于逐步回归分析的鄱阳湖非一致性生态水位

根据基于逐步回归分析的鄱阳湖水位非一致性频率计算结果，将过去、现状条件下频率 $P=25\%$、$P=75\%$ 的水位进行汇总，见表 6 - 1，如图 6 - 1 所示。

表 6 - 1　　　　　　鄱阳湖逐月水位序列不同条件下频率计算结果对比

月份	过去条件（纯随机序列）/m		现状条件（合成序列）/m	
	25%	75%	25%	75%
1	8.52	7.07	8.69	7.24
2	8.74	7.03	9.34	7.63
3	10.52	8.30	10.87	8.64
4	13.07	11.01	12.63	10.58
5	15.46	13.03	—	—
6	16.78	14.74	—	—
7	18.74	16.52	18.44	16.22

续表

月份	过去条件（纯随机序列）/m		现状条件（合成序列）/m	
	25%	75%	25%	75%
8	17.94	15.28	—	—
9	17.19	14.34	—	—
10	15.60	13.57	13.46	11.42
11	12.78	10.73	12.08	10.04
12	9.92	8.34	—	—
年平均	13.39	12.11	13.27	11.99

注：一致性序列无跳跃变异点，现状和过去条件下的水位频率计算结果相同。

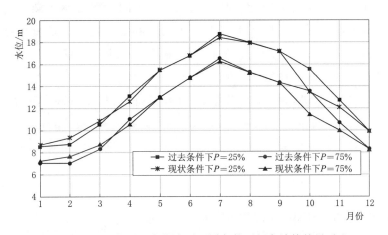

图 6-1　鄱阳湖逐月水位序列不同条件下频率计算结果对比

6.1.2　变化环境下鄱阳湖生态水位演变规律

从前述图 6-1 和表 6-1 中可以看出，同频率鄱阳湖的生态水位变化不尽相同，大致可以分为 3 类。

1. 未发生变化的月份

当水位序列没有发生变异时，其现状和过去条件下的鄱阳湖生态水位保持一致，从分析结果来看，主要包括 5 月、6 月、8 月、9 月和 12 月。

依据水文变化指标法，从频率分析的角度，推荐 5 月的湖口生态水位控制在 13.03～15.46m、6 月控制在 14.74～16.78m、8 月控制在 15.28～17.94m、9 月控制在 14.34～17.19m、12 月控制在 8.34～9.92m。

2. 跳跃下降的月份

当水位序列发生跳跃向下的变异时，现状比过去同频率的鄱阳湖水位会有一定程度的下降，受其影响，鄱阳湖生态水位也存在下降的演化趋势。从分析结果来看，主要包括 4 月、7 月、10 月、11 月。由于过去条件下代表近自然演化的状态，因此，推荐鄱阳湖生态水位采用过去条件下的频率计算结果。

依据水文变化指标法，从频率分析的角度，推荐 4 月的湖口生态水位控制在 11.01～13.07m、7 月控制在 16.22～18.44m、10 月控制在 13.57～15.60m、11 月控制在 10.73～12.78m。

对于跳跃下降的月份而言，应采取措施提升入湖流量，控制鄱阳湖与长江的水量交换，使其生态水位有所回升。在跳跃下降的月份中，10 月的水位变化非常明显，需非常关注其水位的变化情况。

3. 跳跃上升的月份

当水位序列发生跳跃向上的变异时，现状比过去同频率的鄱阳湖水位会有一定程度的上升，受其影响，鄱阳湖生态水位也存在向上的演化趋势。从分析结果来看，主要包括 1 月、2 月、3 月。由于过去条件下代表近自然演化的状态，因此，推荐鄱阳湖生态水位采用过去条件下的频率计算结果。

依据水文变化指标法，从频率分析的角度，推荐 1 月的湖口生态水位控制在 7.07～8.52m、2 月控制在 7.03～8.74m、3 月控制在 8.30～10.52m。

对于跳跃上升的月份而言，应采取措施限制入湖流量，控制鄱阳湖与长江的水量交换，使其生态水位有所回归。

6.2　基于水安全的鄱阳湖生态水位需求

围绕着湖泊的水资源利用，还有很多其他的用水需求，例如供水、航运，防洪等。对于湖泊而言，这些用水需求，通常需要对应特定的水位，基于收集到各种用途的需水资料，从供水安全、航运安全、灌溉安全、防洪安全 4 个方面提出水位需求，并最终确定鄱阳湖生态水位的需求。

1. 灌溉安全生态水位

鄱阳湖湖区农田种植作物以水稻为主，灌溉水源以鄱阳湖为主，取水方式多为穿堤涵闸自流引水或提灌站提水。鄱阳湖区地形平坦，引、提水灌溉是湖区农田灌溉的主要方式，引、提水水源主要为鄱阳湖水源，其中引水自流灌溉主要在鄱阳湖较高水位期间，通过穿堤涵闸将圩外湖（河）水源引入圩内，再经由沟渠对低洼农田进行自流灌溉；提水灌溉水源包括直接从圩区外提取的湖泊、河道水源和通过穿堤涵闸与沟渠引入圩区内的水源以及圩区内存蓄的沟、塘、河水源，固定与机动泵站再进行提水灌溉。各圩区通过圩堤上的穿堤建筑物—涵闸（兼有排水、引水、挡洪等功能的水闸）将水引入前池或圩内沟渠后再自流引水与提水灌溉，或通过泵站直接从外河提水灌溉，其中主要作物灌溉期为 4—10 月。

　　根据实际调查的赣西联圩、五星圩、梓埠联圩、抚东联圩等 48 个万亩以上圩区、堤垸取水口底板高程情况，以星子站为代表站，当星子站水位达到 13m 时，附近圩垸取水基本可以满足。

　　2. 供水安全生态水位

　　鄱阳湖湖区内供水水厂较多，比较大型的水厂包括星子水厂等。经过调研，其中地处湖盆区的水厂其最低取水位高程一般较低，例如星子水厂的最低取水位为 5.6m；而尾闾河道水厂最低取水位较高，一般为 14～17m。经过调研，湖区部分水厂采用外延取水口等手段，降低了取水水位，其他水厂也进行了取水口改造，取水口水位基本在 5.6～8.3m。

　　根据湖区现有城镇水厂的设计最低取水位及经济社会发展要求，并结合湖区乡村水厂供水情况，以及湖区不同地区的水位对应关系，确定湖区满足供水要求时，星子站的最低控制水位为 8.5m。

　　3. 航运安全生态水位

　　航运控制断面通航安全指标以最低通航水位为主，对缺乏资料或明确由流量控制的河段采用最低通航流量。湖口站断面作为鄱阳湖出口航道控制断面，是影响鄱阳湖湖区航道条件的重要控制站点。

　　结合鄱阳湖湖区主要航道的远期规划等级，根据鄱阳湖有关交通部门的相关设计成果可知，在设计通航保证率取 98％的条件下，湖口设计最低通航水位推荐值为 7.07m。

　　4. 防洪安全生态水位

　　根据鄱阳湖区的洪灾特点，以及长江流域防洪规划，鄱阳湖区主要控制站湖口站的防洪控制水位为 22.50m，赣江外洲站的控制水位为 26.59m，抚河李家渡站的控制水位为 33.68m，信江梅港站的控制水位为 29.81m，信江渡峰坑站的控制水位为 34.28m，饶河虎山站的控制水位为 31.29m，修水柘林坝下站的控制水位为 28.05m，潦河万家埠站的控制水位为 29.82m。

　　因此，湖口站防洪控制水位取 22.5m，汛期时间为 5—9 月。

　　5. 基于水安全的生态水位

　　根究上述分析结果，将灌溉、供水、航运和防洪不同水安全生态水位需求进行汇总，见表 6-2。

表 6-2　　　　　　　　　　　鄱阳湖不同水安全生态水位需求

项目	灌溉水位	供水水位	航运水位	防洪水位
安全水位	13m	8.5m	7.07m	22.5m
水位要求	最低要求	最低要求	最低要求	最高要求

续表

项目	灌溉水位	供水水位	航运水位	防洪水位
月份要求	4—10 月	全年	全年	5—9 月
基准站	星子站	星子站	湖口站	湖口站

由于生态水位的基准站有所差异，因此，需要将星子站的数据统一至湖口站。采用湖口站、星子站 1956—2013 年的逐月平均水位，构建两个站点的线性回归模型，将星子站水位统一至湖口站水位，鄱阳湖湖口站和星子站水位对应情况见表 6 - 3。

表 6 - 3　　　　　　　　　　鄱阳湖湖口站和星子站水位对应情况　　　　　　　　　　单位：m

月份	1	2	3	4	5	6	7	8	9	10	11	12
星子站	—	—	—	13	13	13	13	13	13	13	—	—
湖口站	—	—	—	14.36	14.64	14.77	14.26	14.90	14.87	14.84	—	—
星子站	8.5	8.5	8.5	8.5	8.5	8.5	8.5	8.5	8.5	8.5	8.5	8.5
湖口站	7.56	7.11	6.60	6.98	7.86	8.17	6.12	8.27	8.12	8.30	8.21	8.37

6.3　鄱阳湖生态水位及适应性对策

1. 不同生态水位汇总

基于上述非一致性生态水位的频率计算，以及供水、航运、防洪等不同用水安全对生态水位的要求，不同生态水位汇总如图 6 - 2 所示。

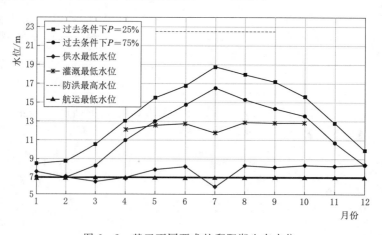

图 6 - 2　基于不同要求的鄱阳湖生态水位

在非一致性生态水位的基础上，将供水、航运、防洪等水安全需求作为边界条件，在非一致性生态水位的基础上，基于供水、航运的最低水位要求，1 月、2 月、12 月的生态水位下边界分别修订为 7.56m、7.11m、8.37m；基于供水、航运、灌溉的最低水位要求，4 月的生态水位下边界修订为 12.09m。最终确定鄱阳湖的生态水位如图 6-3、表 6-4 所示。

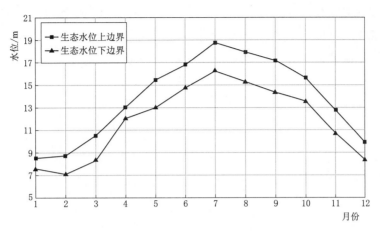

图 6-3 鄱阳湖生态水位

表 6-4 鄱 阳 湖 生 态 水 位 表 单位：m

月份	1	2	3	4	5	6	7	8	9	10	11	12
上边界	8.52	8.74	10.52	13.07	15.46	16.78	18.74	17.94	17.19	15.6	12.78	9.92
下边界	7.56	7.11	8.3	12.09	13.03	14.74	16.52	15.28	14.34	13.57	10.73	8.37

2. 适应性对策

根据水文变异主因分析的相关结论，鄱阳湖枯水期水位的提升，一定程度上有利于鄱阳湖区生态水位的维持。需要特别注意的是，4 月、7 月、10 月、11 月跳跃下降的鄱阳湖水位，可能会对湖区水资源利用带来不利的影响。

对于跳跃下降的月份而言，其主要影响因素为长江干流的流量减少，10 月还受到鄱阳湖湖区入流的影响。因此，除了 10 月需采取措施提高流域入流外，其他出现变异的月份主要可以从两个方面进行调控：首先，通过中上游，尤其是三峡水利枢纽的调度措施，增加 4 月、7 月、10 月、11 月长江干流的流量；其次，通过建设鄱阳湖湖口水利枢纽，可以有效地控制鄱阳湖出流，控制由于长江干流流量减少而造成的鄱阳湖出流增加导致的水位降低，有利于湖区生态环境恢复、水资源利用。由于 10 月水位变化非常大，因此，需要采取有力措施，重点维持 10 月的生态水位。

6.4 本章小结

本章参考水文变化指标法，提出选用 $P=25\%$、$P=75\%$ 作为鄱阳湖生态水位的上限和下限，并根据鄱阳湖水位的频率计算结果，得到过去、现状条件下生态水位的变化情况，对变化环境下鄱阳湖生态水位的演变规律进行了分析。在频率计算的基础上，进一步结合鄱阳湖湖区供水安全、航运安全、灌溉安全、防洪安全 4 个方面的水位需求，对鄱阳湖生态水位进行了完善，并最终确定鄱阳湖生态水位的需求。针对不同月份的变异结果，提出了鄱阳湖生态水位的保障性措施建议，对湖区生态环境恢复、水资源安全利用有一定参考价值。

第 7 章

结 论 及 展 望

由于气候变化和人类活动的影响，鄱阳湖流域水位发生了较大的变化，使得用于湖区水资源保护、评价、规划与管理的水位序列失去了一致性，基于一致性假设的水文频率计算理论和方法已经无法帮助人们正确揭示变化环境下水位演变的长期规律。基于一致性水文频率计算方法设计的鄱阳湖水资源保护、规划等，将面临由变化环境带来的风险。考虑水文变异的影响，并发展适应环境变化的鄱阳湖生态水位计算方法已成为广泛共识。

本书在水文变异诊断的基础上，将非一致性水文频率计算原理与生态水文法相结合，提出适应变化环境下的鄱阳湖生态水位计算方法，进而确定鄱阳湖生态水位区间，并分析过去和现状条件下鄱阳湖生态水位的演变规律，是变化环境下鄱阳湖生态水位分析的一种新思路。同时，针对出现变异的水位序列，以水量及变异点为基础，通过分析鄱阳湖入湖径流、出湖水量、流域降水、蒸发量、长江干流径流等鄱阳湖水位影响因素的水文变异特性，对引起水位变异的主因进行分析，识别鄱阳湖流域水位变异特征。

7.1 主要研究结论

（1）提出了时空尺度水文变异主因分析方法，并将该方法在鄱阳湖流域进行了应用。以鄱阳湖湖口水位及其影响因素为研究对象，通过分析得出：在时间尺度上，鄱阳湖湖口站水文变异的产生，不同时间段的影响因素各有不同，其中1月主要受流域降水影响，2月、7月主要受长江干流影响，3月、10月影响因素各有一定的影响，总体而言，时间尺度上长江干流的影响较为突出。在空间尺度上，对其影响程度最弱的是湖口流量、流域入流，而长江干流对湖口站水位变异的影响作用最大。因此，可以得出，对湖口水位变异而言，长江干流的影响具有很大的作用。

（2）基于非一致性水文频率计算原理，提出了基于逐步回归分析的非一致性频率计算方法，该方法不仅仅考虑了时间序列自身在时间尺度上统计规律的变化，而是结合了物理成因的因素，在构建了分析序列与影响因素之间关联性的基础上，介于统计方法和水文模型之间的一种方法，具有资料收集便捷、能够反映物理成因变化的特色。

（3）依据鄱阳湖逐月水位及其影响因素的水文变异情况，采用基于逐步回归分析的非一致性频率计算方法，对鄱阳湖生态水位进行分析，从频率分析的角度，得出基于水文变化指标法的鄱阳湖生态水位推荐值。对于未发生水位变异的月份，推荐 5 月鄱阳湖水位控制在 13.03～15.46m、6 月控制在 14.74～16.78m、8 月控制在 15.28～17.94m、9 月控制在 14.34～17.19m、12 月控制在 8.34～9.92m。对于发生跳跃上升的月份，推荐 1 月鄱阳湖水位控制在 7.07～8.52m、2 月控制在 7.03～8.74m、3 月控制在 8.30～10.52m。对于发生跳跃下降的月份，推荐 4 月鄱阳湖水位控制在 11.01～13.07m、7 月控制在 16.22～18.44m、10 月控制在 13.57～15.60m、11 月控制在 10.73～12.78m。

（4）围绕着湖泊的水资源利用，从供水安全、航运安全、灌溉安全、防洪安全 4 个方面提出生态水位需求，并最终将鄱阳湖生态水位进行了修订。推荐基于供水、航运的最低水位要求，1 月、2 月、12 月的生态水位下边界分别修订为 7.56m、7.11m、8.37m；基于供水、航运、灌溉的最低水位要求，4 月的生态水位下边界修订为 12.09m。

（5）对于跳跃下降的月份而言，可能会对湖区水资源利用带来不利的影响，建议采取有效措施，例如提高流域入流、增加长江干流流量、通过建设鄱阳湖湖口水利枢纽控制鄱阳湖出流等措施，提高鄱阳湖水位，从而降低水位变异对生态环境、水资源利用带来的风险。其中 10 月需重点关注，并采取有力措施维持生态水位在合理的范围内。

7.2　研究不足及展望

1. 采用的序列长度较短的问题

在收集资料时，由于受到湖区入流序列资料序列收集长度（仅收集到 2013 年）的影响，尽管其他资料年限已经可以收集到 2018 年，但为了水文变异诊断时，避免时间序列长度不一致对确定性成分的影响，书中采用的时间序列终止年份统一选为 2013 年。尽管从方法应用的角度，不会对理论基础造成影响，但得出的分析结果并未包含近几年的最新变化情况。有待进一步的收集资料，在日后的研究中进一步分析最近几年的变化规律。

2. 河道演变及水沙关系的问题

水位变异结果显示，鄱阳湖年均水位呈现出下降的趋势，书中从湖口流量、湖区降水、湖区蒸发、五河入流、九江流量 5 个因素的影响进行了分析。由于受到资料收集、实地测量限制等影响，鄱阳湖河道演变以及含沙量、河道淤积等影响因素对鄱阳湖湖口水位的影响，在本书中没有讨论。在今后的研究中，应进一步收集河道演变及水沙关系的相关资料，对本书中的主因分析、频率计算等相关内容进行完善。

3. 非一致性生态水位的应用展望

书中基于逐步回归分析的非一致性频率分析方法，结合鄱阳湖水位的频率分析结果，同时考虑供水安全、航运安全、灌溉安全、防洪安全 4 个方面的生态水位需求，得出了鄱阳湖逐月生态水位的推荐值。该值具有较好的科学性和合理性，但仍需要进一步的实际应用来检验具体效果，在以后的鄱阳湖生态水位实践研究中，可以针对其合理性做进一步的研究。